谨以此书献给我的恩师，爱人以及为此书和我的研究提供过帮助的每一个人。

I would like to express my special thanks to my supervisor, my lover and those person, who supported me to my research and this book.

文化传播视角下的珠三角乡村近代民居研究丛书　　傅娟　主编
Research on Rural Modern Houses in the Pearl River　　Editor　Dr. Fu Juan
Delta from the Perspective of Cultural Communication

"掘金时代"的传承与新生
"The Age of Gold Rush" about Inheritance and Regeneration

——广州近代乡村侨居现状及保护活化利用研究
The Status Quo, Protection and Activation of the Modern
Overseas Chinese's House in the Countryside of Guangzhou

齐艳　著
Author　Qi Yan

中国建筑工业出版社

主编　傅娟
Editor　Dr. Fu Juan

1977 年 4 月生于湖南株洲
Borned in April 1977 in Zhuzhou, Hunan China
华南理工大学建筑学博士，建筑学讲师
Doctor and Lecturer of Science South China University of Technology

主编简介
Introduction

基本资料 Basic Information

1977年4月生于湖南株洲
Borned in April 1977 in Zhuzhou, Hunan China

现为华南理工大学建筑学院讲师
Lecturer at the Department of South China University of Technology

教育背景 Education Background

1995年由株洲市二中保送入华南理工大学建筑学院
1995 Was recommend for admission to South China University of Technology

2000年获华南理工大学建筑学学士学位
Bachelor Degree of Science South China University of Technology 2000

2007年获华南理工大学工学博士学位，师从肖大威教授
Doctor Degree of Science South China University of Technology by Prof. Xiao Dawei 2007

学术经历 Academic Experience

2005年获华南理工大学"研究生学术论文奖"
"Graduate Thesis Award" Science South China University of Technology 2005

参与翻译《城市设计的维度》
Participated in the translation of the dimension of urban design

主持国家自然科学青年基金资助项目（项目批准号：51508194）
"文化传播视角下的珠三角乡村近代民居研究"
In charged of the National Natural Science Youth Foundation of China – Rural Modern Houses in the Pearl River Delta from the Perspective of Cultural Communication.

学术成果 Academic Publish

专著《近代岳阳城市转型和空间转型研究（1899-1949）》,《约翰·波特曼与莫伯治宾馆设计思想之比较》《南方地区传统村落形态及景观对水环境的适应性研究》等学术论文二十多篇
More than 20 articles were published, such as Comparison of the Hotel Design Ideas Between John Portman and Mo Bozhi and Research on the Shape and Landscape of Southern Traditional Villages Based on Water Environment.

作者　　齐艳
Author　　Qi Yan

1991 年 12 月出生于河北省唐山市
Borned in December 1991 in Tangshan Hebei China
华南理工大学建筑学硕士研究生
Master Degree Science South China University of Technology

作者简介
Introduction

基本资料 Basic Information

1991 年 12 月出生于河北省唐山市
Borned in December 1991 in Tangshan Hebei China

教育背景 Education Background

2015 年于辽宁科技大学建筑学院获工学学士学位
Bachelor Degree of Engineering University of Science and Technology Liaoning 2015

2018 年于华南理工大学建筑学院获得硕士研究生学位，师从傅娟博士
Master Degree of Science South China University of Technology by Dr, Fu Juan 2018

学术经历 Academic Experience

2017 年世界建筑史教学与研究国际研讨会
The 7th International Symposium on Architectural Teaching and Research

孙中山与民主革命策源地广州（广州市政府主办）
Sun Yat-sen and the origin of the democratic revolution Guangzhou – Sponsored by the Guangzhou municipal government.

参与国家自然科学青年基金资助（项目批准号：51508194）
"文化传播视角下的珠三角乡村近代民居研究"
The National Natural Science Youth Foundation of China – Rural Modern Houses in the Pearl River Delta from the Perspective of Cultural Communication.

学术成果 Academic Publish

《孙中山与广州民居近代化》
 Sun Yat-sen and Modernization of Residential Buildings in Guangzhou

《关于广州近代乡村侨居活化利用的可行性的研究》
The Possibality of the Activation and Utilization of the Modern Overseas Chinese's House in the Countryside of Guangzhou

构建"珠三角"乡村近代民居研究版图

一、"丛书"的缘起

本"丛书"得以出版主要源于我在 2015 年申请"国家自然科学青年基金"获批。获批的"国家自然科学青年基金"项目题为"文化传播视角下的'珠三角'乡村近代民居研究",研究期限为三年（2016 年至 2018 年）。2015 年我获批担任硕士生导师，开始招收研究生。我的研究生分别选取"珠三角"地区的某个区域，研究其乡村近代民居，以此作为硕士论文的主要方向。

齐艳作为我的第一个研究生，研究广州地区。经过近三年的研究，齐艳完成她的硕士论文《广州近代乡村侨居现状及保护活化利用研究》，顺利通过盲审，获取硕士学位。限于硕士论文格式及篇幅的限制，关于广州地区的研究成果无法完全在她的硕士论文中充分体现。因此，在硕士论文的基础上，我们又进行了深化和完善，最终集结在专著《"掘金时代"的传承与新生——广州近代乡村侨居现状及保护活化利用研究》中，并有幸由中国建筑工业出版社出版。

二、丛书的主要内容

我的"国家自然科学青年基金"项目"文化传播视角下的'珠三角'乡村近代民居研究"包括以下研究内容。

1. 研究对象：关于"文化传播理论"和"近代民居"

文化传播理论是文化地理学的重要理论之一。文化传播是指"一种文化特质或一个文化综合体从一群人传到另外一群人的过程"。文化的形成、传播与演化一直是人类学和社会学研究的重要内容。民居是最醒目的物质文化内容和景观。这里的民居指"珠三角"乡村近代兴建的包含"居住功能"的各种建筑类型，如有居住功能的"三间两廊"楼式住宅、方楼、庐、乡间别墅、碉楼等。

2. 理论构建和中心论点的提出：文化传播视角下的珠三角乡村近代民居研究理论框架

从宏观、中观、微观"三重空间"尺度，构建"三维立体"的文化传播视角下的"珠三角"乡村近代民居研究理论框架。在"宏观区域"层面，运用文化迁移扩散理论，研究"珠三角"乡村近代移民史与民居的区域分布规律。在"中观城乡"层面，运用文化扩展扩散理论，研究"珠三角"乡村近代城市化与民居的城乡分布规律。在"微观建筑"层面，运用文化整合理论，研究多元文化融合下的"珠三角"乡村近代民居文化特征。

3. 实证研究的构成

（1）背景研究："珠三角"乡村民居近代化的历史、地理、文化背景；（2）"宏观区域"层面的研究：文化迁移扩散——"珠三角"乡村近代移民史与民居的区域分布规律；（3）"中观城乡"层面的研究：文化扩展扩散——"珠三角"乡村近代城市化与民居的城乡分布规律；（4）"微观建筑"层面的研究：文化整合——"珠三角"近代民居呈现出多元文化融合的文化特征。

4. 结论和文化启示："珠三角"乡村近代民居文化景观的保护

其一，根据以上实证研究结果，对中心论点"'珠三角'乡村近代民居是本土文化的文化传承和外来文化的文化扩散共同作用的产物"进行验证和修正。其二，探讨如何对"珠三角"乡村近代民居文化景观进行当代保护。其三，探讨文化传播视角下的"珠三角"乡村近代民居演变史对于当前"珠三角"乡村新型城镇化的文化启示意义。

由于"珠三角"每个地区的近代民居文化景观现状不同，加上每个研究生的兴趣和侧重点不同，因而各个地区的研究各有侧重。以广州地区为例，齐艳选取广州地区的近代乡村侨居作为研究对象，研究外来文化如何对广州本地乡村建筑产生影响。具体包括以下内容：（1）广州近代侨乡和侨居调研现状；（2）广州近代乡村侨居主要类型和特点；（3）广州近代乡村侨居现状及存在问题；（4）广州近代乡村侨居保护及活化利用的制度；（5）广州近代乡村侨居保护及活化利用的实践。

三、丛书的目标

广东省是全国著名的侨乡，三千多万华侨遍布五大洲160多个国家和地区。作为广东省"广府文化"核心区的"珠三角"地区，乡村范围内拥有数量庞大、类型多样的近代民居遗存，包括"三间两廊"楼式住宅、方楼、庐、乡间别墅、碉楼等。"珠三角"地区包括"九市、两区"（广州、深圳、佛山、东莞、中山、珠海、江门、肇庆、惠州"九个城市"及香港特别行政区和澳门特别行政区"两个特区"）共计11个地区。

丛书的目标是通过我指导的11名学生对上述11个地区的乡村近代民居逐一进行研究，在"文化传播视角下的'珠三角'乡村近代民居研究"理论框架下，将研究成果加以总结和完善，最终以"丛书"的形式构建完整的"珠三角"乡村近代民居研究版图。

华南理工大学建筑学院　傅娟

2018年6月于广州炎热的夏夜

Mapping the Study of Early Modern Rural Houses in the Pearl River Delta

I. The cause of publication

The publication of this book series is mainly due to the approval of my application for the National Natural Science Foundation for the Youth in 2015. The approved project, The study of early modern rural houses in the Pearl Rural Delta (PRD) in the perspective of cultural communication, was scheduled from 2016 to 2018. I was qualified as master tutor in 2015. Then I started enrolling graduate students. My graduate students respectively selected various regions in the PRD and studied the early modern rural houses in those regions for their master's thesis.

Qi Yan, the first graduate student I enrolled, carried out her research in Guangzhou. Through three years of study, her master thesis, The Current Status, Preservation, Activation & Utilization of Early Modern Rural Houses for returned overseas Chinese in Guangzhou, successfully passed the blind trial and earned her a master degree. Due to restrictions of the form and length of master thesis, the study wasn't fully covered in the thesis. So we further deepened and revised the content of the thesis and presented the full version in The Inheritance and Revitalization of the Nuggets Era: The Current Status, Preservation, Activation & Utilization of Early Modern Rural Houses for returned overseas Chinese in Guangzhou. And it is our great honor to have it published by China Architecture & Building Press.

II. The main contents of the book series

The contents of the funded project, the study of early modern rural houses in the PRD in the perspective of cultural communication, are listed as follows:

i. Object of study: The theory of cultural communication & early modern folk houses

The theory of cultural communication, as an essential theoretical part of cultural geography, refers to "the process in which a cultural feature or synthesis is transferred from a group to another". The formation, communication and evolution of culture have always been essential in anthropology and sociology studies, and folk houses serve as a prominent form of material cultural content and landscape. The folk houses mentioned here refer to various types of buildings with residential function built in early modern times in the PRD rural areas, e.g. multistory residential buildings of "3 bays and 2 corridors", square-shaped buildings, cottages, rural villas and watchtowers.

ii. The formation of theory and the proposal of main points: the theoretical framework for the study of early modern rural houses in the PRD in the perspective of cultural communication

A "3-layered" theoretical framework for the study was formed by macro, medium and micro scales. At the macro scale of regions, the theory of cultural transfer and diffusion was applied for the study of the immigration history and the distribution pattern of folk houses on the regional scale. At the medium scale of cities and towns, the theory of cultural expansion and diffusion was applied for the study of the urbanization of PRD rural areas and the distribution patterns of folk houses on the scale of cities and towns. At the micro scale of buildings, the theory of cultural integration was applied for the study of cultural characteristics of the early modern PRD rural houses in the background of multi culture integration.

iii. The constitution of empirical research

(i) Background research: the historical, geographical and cultural background of the modernization of PRD rural houses. (ii) Studies at the macro scale of regions: cultural transfer and diffusion—the modern immigration history and the distribution pattern of folk houses in PRD rural areas. (iii) Studies at the medium scale of cities and towns: cultural expansion and diffusion—the urbanization of PRD rural areas and the distribution patterns of folk houses in PRD rural areas. (iv) Studies at the micro scale of buildings: cultural integration—the cultural characteristic of multi-culture integration can be found in PRD rural houses.

iv. Conclusion and cultural significance: The cultural landscape preservation of early modern PRD rural houses

Firstly, the main point that early modern PRD rural houses are the outcome of both the inheritance of local culture and the diffusion of foreign culture, has been verified and rectified according to the results of the empirical research mentioned above. Secondly, the approach for cultural landscape preservation of early modern PRD rural houses was discussed. Thirdly, the referential significance of the evolution of PRD rural houses for the ongoing urbanization of PRD rural areas was discussed.

Our studies in various PRD regions had different priorities due to differences in both cultural landscape situations and the graduates' focuses. For example, in the study of Guangzhou, Qi Yan chose rural houses for returned overseas Chinese in early modern times as her object of study and focused on the effect of foreign culture on local rural buildings. Her study has covered the following aspects: (i) The current situation of the study for the hometowns and houses for returned overseas Chinese in early modern times; (ii) The main types and characteristics of these houses; (iii) The current situation and existing problems of these houses; (iv) The system for the preservation, activation and utilization of early modern rural houses for returned overseas Chinese in Guangzhou; (v) The practice in preservation, activation and utilization of the houses.

III. The purpose of the book series

Guangdong Province, as a major hometown for overseas Chinese, is the birthplace for more than 30 million overseas Chinese living in more than 160 countries and regions in the world. The Pearl River Delta region, as a central region for Cantonese culture, possesses numerous and various remains of early modern rural houses, including multistory residential buildings of "3 bays and 2 corridors", square-shaped buildings, cottages, rural villas and watchtowers. The PRD region consists of "9 cities and 2 regions", namely the cities of Guangzhou, Shenzhen, Foshan, Dongguan, Zhongshan, Zhuhai, Jiangmen, Zhaoqing, Huizhou, as well as Hong Kong Special Administrative Region and Macau Special Administrative Region, summing up to 11 places.

The purpose of the book series is to present a complete "map" of our studies in the PRD regions. After the completion of the studies in the 11 regions by the

11 students, the results of the studies have been summarized and optimized under a theoretical framework in the perspective of cultural communication. Ultimately, our studies of early modern rural houses, covering the whole territory of the PRD regions, have been presented in the form of book series.

Fu Juan

School of Architecture, South China University of Technology

Written in Guangzhou, on a hot summer night in June, 2018.

摘　要

本书是由国家自然科学青年基金资助（项目批准号：51508194）的"文化传播视角下的珠三角乡村近代民居研究"的广州地区的乡村侨居部分。广州乡村侨居作为广州近代华侨历史的一种非常重要的物质载体，见证了广州乡村华侨在引入外来建筑形式和生活习惯并与当地建筑形式和风俗相融合的过程，具有非常重要的历史价值，侨居本身为中西结合的建筑形式，也为研究外来文化对广州本地乡村建筑的影响提供重要的研究范本。但随着社会的发展，城镇化进程的加快，侨居的保护与发展之间的矛盾也越来越严峻，面临两个主要问题，一是由于城镇化建设，侨居被拆除建新建筑的现象非常严重，因而急需加大对其的保护力度；二是由于侨居在建造时所处的社会水平限制，其往往缺乏必要的水电及卫生设施，现在的侨居大多存在着居住空间品质较差、静置荒废等问题。

第一章绪论介绍了广州近代乡村侨居的研究背景，研究对象的选取和界定，研究现状以及研究目标、内容、框架和方法。

第二章结合前人的研究成果、与广州相关的史料及地方志、华侨史等相关资料拟定调研村落。对广州花都、白云、增城和番禺4个区的7个镇的65个村子的近代乡村侨居的实地调研的成果进行总结梳理，形成包括数量、分布形式、位置、文化因子等的广州近代乡村侨居建筑的主要信息。

第三章对调研中广州乡村侨居的类型和现状进行统计和归纳，形成侨居类型的图片、文字及表格资料。将广州近代乡村侨居大致分为5种类型，结合具体的侨居平面图、总平面图、建筑外观图和细部图等实例，对这5种类型进行更加具体的分析，并对影响侨居建筑形式的因素进行了讨论。

第四章首先将广州近代乡村侨居现状分为6种情况，并整理出图表资料；其次将广州近代乡村侨居存在的问题分为制度体系方面的问题和实践指导方面的问题两类。

第五章结合国内外的研究及实践经验，提出了完善法规制度方面的建议，将广州近代乡村侨居保护划分为3个级别，提出了5种活化利用的方式。

第六章针对广州近代乡村侨居保护及活化利用方面缺乏实践指导的问题，以居住空间的物理环境为主要切入点，并结合调研中的具体案例的改造设计，探讨了提升侨居建筑居住舒适度的措施，从而为侨居的保护及活化利用提供实践指导。

通过对广州近代乡村侨居的实地调研，在基础研究层面上，总结梳理了侨居的数量、分布、文化因子、建筑类型等。在保护及活化利用的制度体系和实践方面，对存在的问题进行分析并提出解决方法。

关键词：广州；近代乡村侨居；现状；保护；活化利用

ABSTRACT

This book is funded by the National Natural Science Youth Foundation of China (project approval number: 51508194). The project is entitled "Research on Rural Modern Houses in the Pearl River Delta from the Perspective of Cultural Communication". This article is one of the branches of it in Guangzhou.As a very important material carrier in the history of the overseas Chinese in modern times, the modern overseas Chinese's house in the countryside of Guangzhou has witnessed a very important historical value in the process of introducing foreign architectural forms and habits and the integration of the architectural forms in the host countries and customs with the local architecture and customs in the rural areas of Guangzhou. The overseas Chinese house are the architectural form of the combination of Chinese and western, and it provides an important research model for the study of the impact of foreign culture in the local rural buildings in Guangzhou. However, with the development of society, the acceleration of urbanization, the contradiction between protection and development of living also more and more severe. Facing two main problems, one is that the phenomenon of the demolition and construction of new buildings is very serious because of the urbanization construction. Therefore, it is urgent to strengthen its protection of the overseas Chinese house. Two is limited to the level of social construction at that time, the overseas Chinese house in common lacks the necessary utilities and sanitation facilities. So, the present overseas Chinese house faces the problems of poor living space quality and static waste.

The first chapter introduces the research background of the modern overseas Chinese's house in the countryside of Guangzhou, the selection and definition of research objects, research status, research objectives, content, framework and methods.

The second chapter draws up research villages based on previous research results, related historical materials and local history in Guangzhou, history of overseas Chinese and other relevant data. Conducted field surveys on the modern overseas Chinese's house in 65 villages in seven towns of Huadu, Baiyun, Zengcheng, and Panyu in Guangzhou. The results include the quantity, distribution, location, and cultural factors of the modern overseas Chinese's house in the countryside of Guangzhou.

The third chapter is based on the statistics and summary of the type and status of the modern overseas Chinese's house in the countryside of Guangzhou during the survey. The resulting data includes pictures, texts, and forms of the type of the overseas Chinese's house. The house can be divided into five types, and the five types are analyzed in more detail based on plans, floor plans, building plans, and detailed drawings. The factors that affect the architectural style of the overseas residents are analyzed.

The fourth chapter firstly classifies the current situation of the modern overseas Chinese's house in the countryside of Guangzhou into six kinds of situations, and sorts out the chart data. Secondly, the problems existing in the modern overseas Chinese's house in the countryside of Guangzhou can be divided into two aspects: problems in the system and problems in practice guidance.

Chapter 5 combines the research and practical experience at home and abroad, then proposes suggestions for improving regulations and systems. It divides the protection of the modern overseas Chinese's house in the countryside of Guangzhou into three levels, and proposes five ways to activate and use it.

Chapter 6 focuses on the lack of practical guidance in the protection and activation of the modern overseas Chinese's house in the countryside of Guangzhou. Taking the physical environment of residential space as the main entry point, and combining the case in the survey, the measures for improving the living comfort of overseas residents are discussed.

Through field research investigation of rural residents living in Guangzhou in the modern times. first, summarize the number, distribution, cultural factors, and building types of overseas residents. In the practice of protection and activation utilization, the existing problems are analyzed and solutions are proposed.

Keywords: Guangzhou; modern overseas Chinese's house; status; protection; utilization

目 录

构建"珠三角"乡村近代民居研究版图

摘要

第一章 绪 论 031
1.1 研究的背景与意义 032
1.1.1 研究缘起 032
1.1.2 研究意义 033
1.2 研究对象 034
1.2.1 广州 034
1.2.2 近代 034
1.2.3 侨乡 035
1.2.4 乡村 035
1.2.5 侨居 036
1.3 研究现状 036
1.3.1 民居研究现状 036
1.3.2 国内外古建筑保护研究现状 038
1.4 研究目标、内容、框架、方法 040
1.4.1 研究目标 040
1.4.2 研究内容 040
1.4.3 研究框架 041
1.4.4 研究方法 042

第二章 广州近代侨乡和侨居调研现状 043

2.1 广州各县区华侨及侨乡概况、调研村落和具体侨居细节调研表 044
2.1.1 广州各县区华侨情况 044
2.1.2 调研村落及具体侨居细节调研表 045

2.2 广州市近代乡村侨居调研情况：数量、分布、位置 046
2.2.1 数量 046
2.2.2 分布形式 052
2.2.3 侨居在村中的位置及其变化 054

2.3 广州近代乡村侨居文化因子 057
2.3.1 屋顶形式 058
2.3.2 山墙与女儿墙造型 059
2.3.3 细部装饰 059
2.3.4 局部构造 059
2.3.5 层数与层高 060

2.4 本章小结 060

第三章 广州近代乡村侨居的主要类型与特点及影响侨居形式的因素 061

3.1 广州近代乡村侨居的主要类型 064
3.1.1 改良式三间两廊侨居 064
3.1.2 碉楼式侨居 066
3.1.3 庐式侨居 068
3.1.4 小洋楼式侨居 069
3.1.5 中西结合园林式侨居 070

3.2 影响侨居形式的因素 071
3.2.1 华侨家庭人口与侨居形式 071

    3.2.2 华侨生活方式与建筑形式 ……………………………………………… 071
    3.2.3 侨居国民居与建筑形式 ………………………………………………… 072
    3.2.4 近代西方先进的材料、技术对建筑形式的影响 ……………………… 072
  3.3 本章小结 ……………………………………………………………………… 073

第四章 广州近代乡村侨居现状及其存在的问题 …………………………………… 075
  4.1 个体侨居利用现状分类 ……………………………………………………… 076
    4.1.1 原样保护 ………………………………………………………………… 077
    4.1.2 商用改造 ………………………………………………………………… 078
    4.1.3 自住 ……………………………………………………………………… 078
    4.1.4 对外出租 ………………………………………………………………… 079
    4.1.5 空置和空置荒废 ………………………………………………………… 080
    4.1.6 拆除重建 ………………………………………………………………… 081
  4.2 缺乏完善的保护及活化利用的制度体系 …………………………………… 081
    4.2.1 部分侨居存在产权不清和屋主难以联系等问题 ……………………… 082
    4.2.2 没有处理好保护和发展的关系 ………………………………………… 082
    4.2.3 资金和技术投入不足,且没有合理的投入标准 ……………………… 082
  4.3 缺乏完善的保护及活化利用实践方面的指导 ……………………………… 084
    4.3.1 侨居建筑居住空间舒适度较差 ………………………………………… 084
    4.3.2 侨居修复中存在一些修复性破坏 ……………………………………… 084
  4.4 本章小结 ……………………………………………………………………… 085

第五章 广州近代乡村侨居保护及活化利用的制度体系的完善 …………………… 087
  5.1 法规制度及实施方面 ………………………………………………………… 088
    5.1.1 完备的政策和法律体系 ………………………………………………… 088

5.1.2 科学的保护理念及较高的历史建筑利用率 ········· 090
5.1.3 合理的投入机制 ········· 091
5.1.4 科学的保护体系、分工及运作流程 ········· 092
5.1.5 专业权威系统的研究和实用性强的指导手册 ········· 095

5.2 根据法规制度及侨居现状对侨居的保护等级进行分级划分 ········· 096
5.2.1 博物馆式保护 ········· 097
5.2.2 活化再生类 ········· 097
5.2.3 新旧共生类型 ········· 098

5.3 活化再生类侨居的活化利用的方式 ········· 098
5.3.1 改造为博物馆、展览馆等 ········· 099
5.3.2 作为旅游景点并兼具住宿、纪念品店、餐饮等功能 ········· 100
5.3.3 对外出租居住 ········· 101
5.3.4 改造成公共活动场所，丰富村民活动 ········· 102

5.4 本章小结 ········· 103

第六章 广州近代乡村侨居保护及活化利用的实践指导的完善 ········· 105

6.1 广州近代乡村侨居舒适度的现状及问题 ········· 107
6.1.1 广州近代乡村侨居居住空间舒适度现状与相关标准之间的差距 ········· 107
6.1.2 与侨居居住空间舒适度差相关的因素 ········· 108

6.2 被动措施 ········· 108
6.2.1 洞口 ········· 108
6.2.2 墙体、楼板和屋顶 ········· 112
6.2.3 天井 ········· 113
6.2.4 景观绿化和热环境的改善 ········· 114

6.3 主动措施 ········· 114

	6.3.1 增设给排水系统	114
	6.3.2 增设和改善电路系统和网络线路	115
	6.3.3 增设厨房及卫生间	116
	6.3.4 增设取暖和降温设备	118
6.4	本章小结	118

结论 119

参考文献 126

附录 131

  附录 1：部分侨居测绘平面图 132

  附录 2：调研访谈整理 133

  附录 3：航拍图汇总 140

  附录 4：调研建筑现状照片 145

  附录 5：图片目录 190

  附录 6：表目录 195

致谢 197

CONTENTS

Mapping the Study of Early Modern Rural Houses in the Pearl River Delta
ABSTRACT

Chapter one: Introduction 031
    1.1   The background and significance of the subject research 032
        1.1.1   The origin of the research 032
        1.1.2   The significance of the research 033
    1.2   Research objects 034
        1.2.1   Guangzhou 034
        1.2.2   Modern time 034
        1.2.3   Hometown of overseas Chinese 035
        1.2.4   Countryside 035
        1.2.5   The modern overseas Chinese's house 036
    1.3   Research status 036
        1.3.1   Research status of dwellings 036
        1.3.2   Research status of ancient architecture protection at home and abroad 038
    1.4   Research goals, contents, frameworks and methods 040
        1.4.1   Research goals 040
        1.4.2   Research content 040
        1.4.3   Research framework 041
        1.4.4   Research method 042

Chapter two: The survey of the modern overseas Chinese's house and home town in the countryside of Guangzhou 043

    2.1   The survey of overseas Chinese, the overseas Chinese villages and house in Guangzhou 044

        2.1.1   The situation of overseas Chinese in Guangzhou 044

        2.1.2   The survey of villages and specific overseas Chinese house 045

    2.2   The survey of the modern overseas Chinese's house and home town in the countryside of Guangzhou: quantity, distribution and location 046

        2.2.1   Number 046

        2.2.2   Distribution 052

        2.2.3   The position and change of overseas Chinese's house 054

    2.3   Cultural factors of the modern overseas Chinese's house in the countryside 057

        2.3.1   Form of roof 058

        2.3.2   The shape of the gables and parapet 059

        2.3.3   Detail decoration 059

        2.3.4   Part structure 059

        2.3.5   The number and height of the layer 060

    2.4   The summary of chapters 060

Chapter three: The main types and characteristics of the modern overseas Chinese's house in the countryside of guangzhou and the factors that affect it's form 061

    3.1   Main types of the modern overseas Chinese's house in the countryside 064

        3.1.1   Improved folk house of "San-jianLiang-lang" 064

        3.1.2   Watchtower-like Dwelling 066

        3.1.3   Cottage style house.. 068

  3.1.4 Foreign-style house 069

  3.1.5 Garden style house combined Chinese and western 070

3.2 Factors affecting the form of the modern overseas Chinese's house 071

  3.2.1 The population of the oversea Chinese family 071

  3.2.2 The life style of the oversea Chinese family 071

  3.2.3 The style of the house in the country the oversea Chinese living in 072

  3.2.4 The modern western advanced materials and technologies 072

3.3 The summary of chapters 073

Chapter four: The current situation and problems of the modern overseas Chinese's house in the countryside of guangzhou 075

4.1 Classification of the current situation 076

  4.1.1 Original protection 077

  4.1.2 Commercial transformation 078

  4.1.3 Self – living 078

  4.1.4 Rent 079

  4.1.5 Vacant and desolation 080

  4.1.6 Dismantling and reconstruction 081

4.2 Lack of perfect system about protection and activation 081

  4.2.1 Unclear property rights of some overseas Chinese house and difficult to contact owners 082

  4.2.2 Not handled well with the relationship between protection and development 082

  4.2.3 Insufficient funds, insufficient technology investment and lack of reasonable input standard 082

4.3 Lack of perfect guidance for protection and activation 084

  4.3.1 The poor of comfortabe living space 084

  4.3.2 Damage in reparation 084

 4.4 The summary of chapters 085

Chapter five: The system improvement of the protection and activation of the modern overseas Chinese's house in the countryside of guangzhou 087

 5.1 Draw lessons from the western, Pearl River Delta and Kaiping watchtowers. 088

  5.1.1 Complete policy and legal system 088

  5.1.2 Scientific protection concept and high utilization ratio of historic buildings 090

  5.1.3 Reasonable investment mechanism 091

  5.1.4 Science protection system, division of labor and operation process 092

  5.1.5 Professional authority system research and practical guidance manual 095

 5.2 Classifying the protection level of overseas Chinese house according to laws, regulations and the status quo of it 096

  5.2.1 Congealing mode 097

  5.2.2 Activation regeneration class 097

  5.2.3 New and old symbiotic types 098

 5.3 The way of activation and utilization 098

  5.3.1 Transformed into a museum, an exhibition hall etc. 099

  5.3.2 As a tourist attraction such as accommodation, souvenir shop and catering etc. 100

  5.3.3 Rent 101

  5.3.4 Transformed into public places 102

 5.4 The summary of chapters 103

Chapter six: The improvement of practical guidance for the protection and activation of the modern overseas Chinese's house in the countryside of guangzhou 105

 6.1 The general situation and problems of comfort in the modern overseas Chinese's house in the countryside of guangzhou 107

  6.1.1 The gap between the comfort status of living quarters in the modern overseas Chinese's house in the countryside of guangzhou and the relevant standards ..107

  6.1.2 Factors related to comfort of overseas Chinese's house 108

 6.2 Passive methods 108

  6.2.1 Hole 108

  6.2.2 Walls, floors, and roofs 112

  6.2.3 Patio 113

  6.2.4 Landscape greening and improvement of thermal environment...................... 114

 6.3 Initiative methds 114

  6.3.1 Add water supply and drainage system 114

  6.3.2 Add and improve the circuit system and network line 115

  6.3.3 Add kitchen and toilet 116

  6.3.4 Add heating and cooling equipment 118

 6.4 The summary of chapters... 118

Conclusion 122

Reference 126

Appendix 131

 Appendix 1: Mapping plan of some Overseas Chinese's house 132

 Appendix 2: Interviews... 133

Appendix 3: Aerial photography 140

Appendix 4: Photos 145

Appendix 5: Picture catalog 192

Appendix 6: Table catalog 196

Acknowledgement 197

第一章 绪论

1.1 研究的背景与意义

本书是由国家自然科学青年基金资助（项目批准号：51508194）的"文化传播视角下的珠三角乡村近代民居研究"的广州地区的乡村侨居部分。

1.1.1 研究缘起

1840年中美鸦片战争之后，人民处于水深火热之中，为了生存，广州地区的一些劳苦大众或被迫出洋充当苦力广东人谓之"卖猪仔"，或主动出国谋求生路——广东人有去"掘金山"之说。侨居国遍布南北美洲、东南亚及大洋洲等地区（图1-1）。由于20世纪40年代之前，很多侨居国，不允许华人的亲属移居，这种情况之下，华侨思念故土亲人，因而衣锦还乡之后，往往买田置地，建造家宅，并且受到西方的生活方式、建筑文化艺术及先进的建筑技术和材料等的影响。建造的侨居往往在本地民居的基础上融合了各侨居国的建筑形式，侨居造型千姿百态，样式别具一格。

广州近代乡村侨居作为广东侨居的一部分，目前面临两个主要问题，一是由于城镇化建设，侨居被拆除建新建筑的现象非常普遍，因而急需加大对其的保护力度；二是由于侨

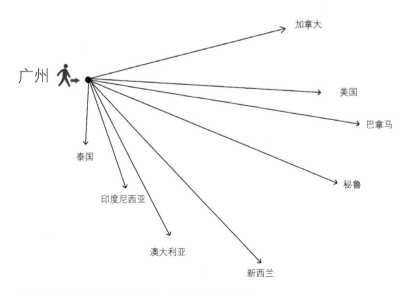

图1-1 广州近代华侨侨居国分布图（图片来源：自绘）

居在建造时所处的社会水平限制，其往往缺乏必要的水电及卫生设施，现在的侨居存在着居住空间品质较差、静置荒废等问题。因而笔者尝试在深入调查广州近代乡村侨居现状和对国内外古建保护的经验的研究的情况下，进行广州乡村侨居的历史、现状、保护以及活化利用的研究。

1.1.2 研究意义

随着时代的发展，对于古建筑的研究保护不断深入，从一开始对于极其重要和珍贵的历史建筑进行保护，到现在越来越多一般性的重要建筑也被列入保护范围，古建筑的保护及活化利用的受重视程度也在逐步提高，越来越多的人力物力投入到这一领域，众多的专家学者为此研精致思。广州近代乡村侨居作为广州近代华侨历史的一种非常重要的物质载体，见证了广州乡村华侨在引入外来建筑形式和生活习惯并与当地建筑形式和风俗相融合的过程，具有非常重要的历史价值，并且其本身是中西结合的建筑形式，也为研究外来文化对广州本地乡村建筑的影响提供重要的研究范本。因而对于广州近代乡村侨居的现状和保护及活化利用方面的研究具有非常重要的研究意义。

（1）学术价值

常青教授在《历史空间的未来——新型城镇化中的风土建筑谱系认知》中提出"多做一些抢救这些显性传统载体的研究，特别是要搞清楚建筑的风土谱系，即尝试回答中国各地的传统建筑到底有多少个区系及大的分支。"❶并指出"研究对象风土建筑遗产留给我们的'存真'时间已经无多了。"广州侨居作为风土建筑中独特的一员，对其进行详细深入的研究有助于定位其在风土建筑中的位置，有助于建筑风土谱系的完善。

然而目前对于广州近代乡村侨居的研究还比较少，一般都是将广州城市和乡村的侨居作为岭南侨居的一部分进行其主要建筑形式及文化传播方面的研究，而对于广州近代乡村侨居的现状及保护活化利用方面则还没有专门的研究。本书根据对广州近代乡村侨居现状的调查、分类整理和分析研究，形成了初步的广州近代乡村侨居调研成果，为今后的调查研究提供参考。

（2）实践意义

伴随着城镇化，不断有历史建筑被推倒建新建筑的事情发生，并且由于人们生活水平的提高，人们对于居住环境的要求也不断提高，而侨居由于缺少水电和卫生设施，不能满

---

❶ 常青. 历史空间的未来——新型城镇化中的风土建筑谱系认知[J]. 中国勘察设计，2014（11）：35-38.

足现代人对于居住空间的需求，居住环境较差，而且存在很大一部分侨居被静置荒废的情况。因而，对于广州近代乡村侨居的调查研究及保护活化利用刻不容缓。

本书尝试在资料收集整理、有针对性的实地调研和相关历史资料考证的基础上，分析了广州近代乡村侨居的现状，总结出其面临的主要问题，并结合国内外在古建筑保护及活化利用上的经验，对广州近代乡村侨居的保护及活化利用提出一些具有可行性的建议。

1.2 研究对象

广州近代乡村侨居现状及保护活化利用研究有四个主要的限定条件，即关于近代广州地域范围的限定、近代时间范围的限定、侨乡的限定及乡村的限定。

1.2.1 广州

根据广州市市志记载，广州自古分为南海（南海包括南海区及禅城区）和番禺（包括广州老八区、番禺区及南沙区）两县。虽然随着朝代的更替，其范围和区域划分有所变化，但从1686年划分出花县之后，至1921年广州建市，广州市的区域划分基本没有变化。

根据对于广州近代历史沿革的分析和整理，笔者发现近代广州与现代广州在区划上最大的不同，在于近代的广州在很长一段时期内包括现今隶属于佛山市的南海区及禅城区。本书选择现在的广州的地域范围进行研究，对于南海区和禅城区的侨居研究不作为本书的主要研究范围。❶

1.2.2 近代

中国近代史的时间范畴从第一次鸦片战争1840年到1949年为止，本书研究的是广州近代乡村侨居，对于近代时间范围的划分，主要是结合侨乡发展的历程与我国近代史的范畴来判定的。对于侨乡的阶段存在多种不同的划分方式。

郑德华在《关于"侨乡"一概念及其研究的再探讨》一文中将侨乡的发展分为：(1) 形成阶段：19世纪中叶到20世纪初；(2) 发展阶段：1912年中华民国成立到1937年第二次世界大战爆发；(3) 停滞阶段：第二次世界大战期间；(4) 转变阶段：20世纪40年代末

---

❶ 南海区和禅城区的侨居将在后续佛山近代乡村侨居及保护活化利用研究中讨论。

到 70 年代末；（5）新的发展阶段：1978 年到现在。❶

方雄普先生在《中国侨乡的形成和发展》一文中把侨乡的发展分为："形成时期、发展时期、破坏时期、转轨时期、停滞时期、繁荣时期。"❷

本书研究的是广州近代乡村侨居，鉴于前人学者对于侨乡发展时期的划分与我国近代史的时间大致吻合，因而笔者将研究的近代范围设定为 1840~1949 年。

1.2.3 侨乡

在侨乡的定义这方面，学术界并没有统一具体的定义，不同的学者从不同的角度出发进行探讨和限定。

海翎主编的《海外华侨百科全书》指出"'侨乡'原是指与华侨有广泛联系的中国村落……是学者基于生态与历史的理由，用来指那些特殊的城市或乡村……他们的日常收入，至少有一半来自侨汇。"❸

"侨乡是伴随着华侨的出国与回归，综合政治经济文化和地理等因素的作用。"❹

许桂灵等在《广东华侨文化景观及其地域分异》中指出"在广东是以华侨人口总数与当地人口总数比例来界定，以 10% 为界。"❺

可见，对于"侨乡"这一概念主要以华侨数量、华侨与家乡的关系及影响等作为界定条件。因而，笔者将综合广州各区县的华侨数量及有关华侨的市志记载，进行调研村落的拟定，并在调研的过程中，对资料和调研名单进行验证和调整，不断对其进行完善。

1.2.4 乡村

在《辞源》中，"乡村被解释为主要从事农业、人口分布较城镇分散的地方"；❻R·D·罗德菲尔德等外国学者指出，"乡村是人口稀少……以农业生产为主要经济基础。"

广州目前共有 11 个区县，分别是番禺区、花都区、荔湾区、越秀区、海珠区、天河区、白云区、黄埔区、增城区、从化区、南沙区。其中荔湾区、越秀区、海珠区、天河区这四

---

❶ 郑德华．关于"侨乡"概念及其研究的再探讨 [J]．学术研究，2009（2）：95-100．

❷ 方雄普．中国侨乡的形成和发展 [A]// 载庄国土主编．中国侨乡研究 [C]．厦门：厦门大学出版社，2000．

❸ 潘翎．海外华人百科全书 [M]．香港：三联书店（香港）有限公司，1998．

❹ 刘权．广东华侨华人史 [M]．广州：广东人民出版社，2002．

❺ 许桂灵，司徒尚纪．广东华侨文化景观及其地域分异 [J]．地理研究，第 23 卷第 3 期，2004 年 5 月．

❻ http://www.zdic.net/c/1/ee/244149.htm．

个区县现在几乎全部为市区范围,除了少数几个城中村外几乎没有乡村存在,故本书不将其作为研究范围;南沙区在近代时大部分时间都隶属于东莞县的行政管辖范围,因而,本书也不将其列入研究的范围;其中比较特殊的是黄埔区,现在的黄埔区是包括曾经的萝岗区和黄埔区两部分的,其中黄埔区侨胞数量较少,且在前期资料整理中并未发现侨乡,因而,笔者将不对黄埔区进行实地调研;萝岗区是2005年白云区、天河区、黄埔区及增城市四区市部分地区合并而成,本书研究主要结合广州近代时期的市志,将萝岗区放到白云区、增城区的范围内进行研究。

综上,本书对广州近代乡村侨居的研究范围包括:番禺区、花都区、白云区、增城区、从化区。

1.2.5 侨居

郭焕宇在其《近代广东侨乡民居文化研究的回顾与反思》中将学术界对于侨居的学术界定总结梳理成三种倾向,"其一,从侨乡的概念出发,划定地域范围,将侨乡民居等同于建在侨乡的民居;其二,将侨乡民居等同于'洋楼'风格的民居,突出其独特的文化艺术风格;其三,着眼于建筑营建的主体及过程,认为侨乡民居是指华侨及侨眷参与建设的民居建筑。"❶ 由于广州存在大量的侨乡,笔者在对侨居进行调研时,首先是选定侨乡这一地域范畴,将华侨本人住宅及华侨资助侨眷建造的住宅划定为侨居的范畴。

1.3 研究现状

1.3.1 民居研究现状

(1)国内民居研究现状

中国的民居研究起步较晚,从20世纪60年代开始,民居研究取得了丰硕的成果,研究范畴大致包括民居与文化、民居与营建、民居与地理环境、民居与艺术等几个主要方面,并在大范畴的基础上,再细化为以中国整体为研究对象和以局部地区为研究对象两类,如此层层细分,前人学者们尽可能地梳理出中国民居的一条清晰脉络。

由于中国幅员辽阔,民居建筑量大面广,虽然当前很多古村落和古建筑得到了研究和

---

❶ 郭焕宇. 近代广东侨乡民居文化研究的回顾与反思[J]. 南方建筑,2014(1):25-29.

保护，但依旧存在着大量急需研究和保护的民居建筑；此外，中国民居建筑的谱系还不够完善，就像是常青教授在《历史空间的未来——新型城镇化中的风土建筑谱系认知》提出"多做一些抢救这些显性传统载体的研究，特别是要搞清楚建筑的风土谱系，即尝试回答中国各地的传统建筑到底有多少个区系及大的分支。"

（2）广州民居研究现状

广府地区的民居研究始于20世纪中叶，20世纪五六十年代，龙庆忠教授等对广东地区部分乡村汉族及少数民族的民居及生产生活方式进行调查研究，为系统开展各地区民居研究奠定了学术基础；20世纪80年代陆元鼎教授、马秀之教授、邓其生教授发表的《广东民居》对广东民居的村落布局、建筑平面类型和造型等进行了总结归纳，逐渐深化为对某一地区民居的研究，如陆琦教授编写的《广府民居》对广府传统民居的类型、建筑形态及空间组合进行了论述和分析。近些年，更是深入对某一类型或单个村落民居的研究，如郑力鹏教授的《广州珠村人居环境调查与改善研究》、肖旻老师的《广府地区民居基本类型三间两廊的形制——以三水大旗头村建筑为例的研究》等。

（3）侨居研究现状

对于侨居的研究在研究范围上主要分为两类，一是对于某一地区的侨居进行研究，重点论及近代岭南五邑侨乡、兴梅侨乡、潮汕侨乡的侨居，例如林怡的《粤中侨居研究》和陆映春的《粤中侨乡民居设计手法分析》都对粤中地区的侨居类型和建筑风格进行了一定程度的调查和研究；二是对于某一类型或者是某一栋侨居的研究，例如《中西合璧的联芳楼》则是对兴梅侨居的典型案例的研究。

在研究范畴方面主要集中于侨居文化、侨居历史、侨居装饰审美、侨居设计手法、侨居保护等。张复合等在《开平碉楼：从迎龙楼到瑞石楼——中国广东开平碉楼再考》中从平面、功能、样式、材料、建造等五个方面考察从迎龙楼到瑞石楼的变化；姜省的《文化交流视野下的近代广东侨居》从文化交流的角度介绍了广东三大侨乡在建筑形态方面的差异；唐孝祥教授的《近代广东侨乡家庭变化及其对民居空间的影响》从微观层面中家庭的角度探究了其对侨居文化的形成及其演变的影响机制。

目前，对于侨居的研究尚不全面和系统，研究成果多集中于一些典型的区域和一些典型的建筑案例，以五邑、潮汕、兴梅侨乡侨居研究居多。近代侨乡民居建筑地域分布的研究虽然初见轮廓，但尚不具体和深入，更加广泛的调查研究亟待开展。值得注意的是林怡的《粤中侨居研究》中对于侨居的类型进行了一定程度的探讨，其中某些方面也适用于广州近代乡村侨居的分类。

1.3.2 国内外古建筑保护研究现状

（1）国外研究现状

欧洲的古建筑保护理论体系开始于19世纪中叶。发展至今形成了：(1) 完备的政策和法律体系，从国际层面、国家层面以及地方层面都确立了相关法律，例如国际有关组织的《雅典宪章》《威尼斯宪章》，英国的《古迹保护法修正案》和《古建筑加固和改善法》，法国的《历史性建筑法案》和《历史古迹法》等；(2) 合理的投入机制，例如英国1969年的《住宅法》规定地方政府提供巴斯等四个历史古城改进老住宅的结构及设备的费用的50%资助，最多为1000英镑；(3) 科学的保护理念，保护历史建筑是基于完整性、发展性及价值性，从而更加科学地保护古建筑；(4) 科学的分工及运作流程，为了保护古建筑，法国的大学专门设立了"老建筑翻新"专业；(5) 专业权威系统的研究、实用性强的指导手册和较高的利用率等，例如《Die besten Einfamilienhäuser 2007 – Umbau statt Neubau》等案例类书籍，详细地介绍了各个案例项目所采用的改扩建手法、原因及费用等，为使用者提供了众多改扩建民居的参考，这些书籍都是建立在对历史民居建筑的深入了解和实践上的。

（2）国内研究现状

我国的历史建筑保护开始于20世纪20年代，经过近百年的发展，理论体系和相关立法不断完善。阮仪三等在《历史文化名城保护理论与规划》中将我国现代意义上的历史建筑保护分为三个阶段："以文物保护为中心内容的单一体系的形成阶段；增添历史文化名城保护为重要内容的双层次保护体系的发展阶段；以及重心转向历史文化保护区的多层次保护体系的成熟阶段。"❶

在保护理论方面，常青教授在《历史空间的未来——新型城镇化中的风土建筑谱系认知》中提出形成完备的风土建筑谱系，并将风土建筑分为四种发展模式，通过对历史建筑活化方式的分类，有助于提高历史建筑保护利用的科学性和可实践性；在实践方面，主要集中在某个地区或建筑，全面的历史建筑保护利用还有待加强，例如王建国院士主持的宜兴市周铁老镇区及丁蜀镇古南街区的民居更新，对历史建筑进行了策划与整合、辅助功能模块化设计、热环境提升、光环境提升和建筑设备一体化设计及构造工法等全面系统的设计实践。

---

❶ 阮仪三，王景惠，王林. 历史文化名城保护理论与规划[M]. 上海：同济大学出版社，1999.

(3) 广州历史建筑保护研究现状

近年来广州市越来越重视对于历史建筑和文物建筑的保护，2012年制定了《广州市文物保护规定》，2014年，广州公布实施了《广州市历史建筑和历史风貌区保护办法》，成为广州第一部关于历史建筑保护的法规。该《办法》规定了"保护为主、抢救第一、合理利用、加强管理"的保护原则，并对历史建筑的认定、保护要求、法律责任等作了基本规定，同时要求设立文化遗产保护联动制度、保护专项资金，也鼓励公民、法人和其他组织参与历史建筑的保护。2014年底启动了保护规划的编制工作，现已完成了广州市第一、二、三批历史建筑保护规划，并将着手开展广州市第四批历史建筑的名录申报工作，同时开展入户调研。这些保护工作对于保护广州的古建筑具有非常重要的意义。但其中依旧存在一些问题亟待解决，例如，执行力度较低、保护与发展之间仍旧存在矛盾、人民保护古建筑的意识弱、仍有大量古建筑处于无保护的情况等。

值得注意的是，佛山岭南新天地是比较成功的活化利用历史建筑的实践案例，岭南新天地位于祖庙东华里，是一片具有岭南特色的民居建筑群。2008年起，在佛山市政府和禅城区政府的支持和整体规划下，以保证历史建筑原真性为前提，对其进行修葺，对环境进行升级改造，并运用现代化的运营方式，将其打造成集文化、休闲、旅游、商业、居住等为一体的综合社区。发展至今，岭南新天地已经成为一个环境舒适宜人、历史文化韵味浓厚且充满活力的场所。其对历史建筑的修复原则及其运营方式都对其他地区的历史建筑保护及活化利用具有借鉴意义。

(4) 侨居保护研究现状

目前还没有系统的关于侨居保护的研究，研究较深入的为开平地区的碉楼，其他地区的侨居保护的研究较少。

在整体性保护方面：陈耀华等在《分散型村落遗产的保护利用——以开平碉楼与村落为例》探讨了分散型分布的开平碉楼的保护模式；刘小蓓等在《制度增权：广东开平碉楼传统村落文化景观保护的社区参与思考》中探讨了开平碉楼传统村落及景观的保护。

在活化利用方面：阴劼等在《基于ArcGIS的传统村落最佳观景路线提取方法——以世界文化遗产开平碉楼与村落为例》中探讨了用ArcGIS进行观景路线的提取；王纯阳在《村落遗产地政府主导开发模式的多层次模糊综合评价——以开平碉楼与村落为例》中探讨了政府为导向的开平碉楼的开发模式。

在实践方面：袁媛等在《当代型历史文化保护区的保护与更新——以广州市华侨新村为例》介绍了广州华侨新村的保护更新。

综上所述，关于广州乡村侨居的保护的深入研究还比较少，一般是将广州乡村侨居列为文物建筑和历史建筑，亟需系统的针对性的保护规划研究。国内外古建保护都在不断的探索过程中，相对而言，德国、英国和法国等国家在古建保护方面都有着非常丰富的经验，并且体系相对成熟，因而可以为广州近代乡村侨居的保护和研究提供借鉴。

1.4 研究目标、内容、框架、方法

1.4.1 研究目标

本书的研究目标主要有两个：一是通过资料收集整理、有针对性的实地调研和对相关历史资料考证的基础上，深入分析归纳广州近代乡村侨居的类型、现状；二是对侨居使用和保护利用存在的问题进行分析，结合国内外在古建筑保护及活化利用方面的经验进行分析整理，对广州近代乡村侨居的保护及活化利用提出一些具有可行性的建议。

1.4.2 研究内容

第一阶段，对广州近代乡村侨居进行前期的资料调查，拟定具体的村落调研表。对广州近代乡村侨居的物质形态进行地毯式调查，尽可能全面地搜集资料和实地调研。

第二阶段，根据拟定的调研表进行实地调研，并对调研的村落、侨居现状等进行详细的记录。

第三阶段，将搜集到的资料进行归纳整理，形成侨居的类型、现状等系统性资料。

第四阶段，根据调研中发现的问题，分析相关的国内外古建筑保护的案例，提取有借鉴学习意义的方面。

第五阶段，根据研究得出的各种成果，首先对广州近代民居的保护和利用提出合理的建议，并选取有代表性的侨居进行改造设计。

1.4.3 研究框架

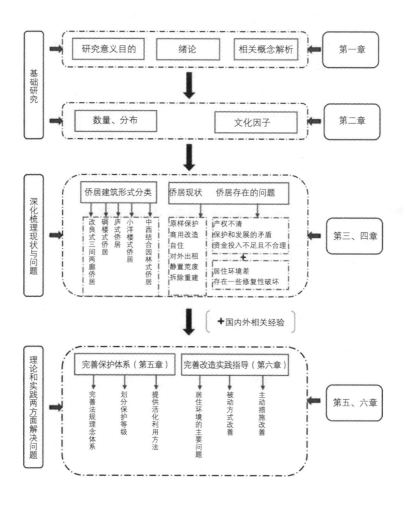

1.4.4 研究方法

（1）文献法

运用文献法，分类阅读相关的文献史料主要包括前人的研究成果、与广州相关的史料及地方志、华侨史，及其他一系列的相关资料，并拟定村落调研表、具体建筑内容调研表等。

（2）实地调研法和访谈法

运用实地调研法和访谈法，对包含花都、白云、增城和番禺4个区的7个镇的65个村子进行实地调研，采用实地测绘、无人机航拍、相机拍摄以及对屋主和村民进行访谈等多种方法相结合的形式对广州近代乡村侨居进行数量、分布、现状、存在的问题、建筑形式等方面的调查研究。

（3）总结归纳法

运用总结归纳的方法，对文献调查的成果与实地调研的成果进行分类汇总，形成以文字、图表等形式的初步研究成果。

（4）对比分析法

运用对比分析的方法，将国内外的古建筑保护利用的经验与广州近代乡村侨居在保护利用时存在的问题进行比较分析，进而提出解决建议。

第二章 广州近代侨乡和侨居调研现状

2.1 广州各县区华侨及侨乡概况、调研村落和具体侨居细节调研表

2.1.1 广州各县区华侨情况

"广东省是全国最大的侨乡,海外粤籍华侨华人约为 2600 万,占全国总数的 54%。"❶ 而广府侨乡与潮汕侨乡、兴梅侨乡并称广东三大侨乡。近代广府侨乡建筑具有三个主要特点而成为近代岭南侨乡建筑文化中的代表:一是覆盖地域面积最广,二是建筑形制最丰富,三是保存数量最多。作为近代岭南建筑的重要组成部分,广府侨乡建筑展现了"中外建筑文化从接触到冲突到融汇创新的全过程"❷,是中西文化及建筑形式相碰撞相融合的产物,记录了近代岭南侨居建筑从一开始的调整适应、逐渐理性选择到融会创新的过程,广府近代侨居具有鲜明的开放性、兼容性和创新性等特征。

作为广府侨乡的重要组成部分,在广州市的郊县中,有一批乡镇归侨和侨眷人数较多,是为重点侨乡,笔者根据广州市志及广州市各区县地方志等总结归纳出广州市各区县华侨及侨乡概况表(表 2-1)。

广州市各县区华侨及侨乡概括表　　　表 2-1

区名	人口总数（万人）	归侨归眷港澳台家属人数（万人）	旅居国外人数（万人）	重点侨乡	侨居国
白云区	68.75	25	20	人和镇、龙归镇、蚌湖镇	加拿大、新西兰、秘鲁、新加坡、马来西亚
花都区	49.24	9.4888	15.8633	花山镇、新华镇、花东镇、芙蓉帐镇	美国、巴拿马、越南、柬埔寨
增城区	64.83	11.562	11.6	新塘镇、沙埔镇、仙村镇、福和镇	新西兰、澳大利亚、马来西亚
番禺区	75.12	21	5.3769	化龙镇、新造镇、南村镇、石基镇、石楼镇	新加坡、马来西亚、加拿大、美国、秘鲁
从化区	37.91	1.321	1.4189	龙潭镇、鳌头镇、太平镇	马来西亚

---

❶ 中国新闻社. 2008 年世界华商发展报告 [R]. http://www.chinaqw.com/news/200902/02/148817.shtml.
❷ 唐孝祥. 近代岭南建筑美学研究 [M]. 北京: 中国建筑工业出版社, 2003: 180.

2.1.2 调研村落及具体侨居细节调研表

根据广州相关的史料及地方志、华侨史、广州市文物建筑名单、广州市历史建筑名单等一系列的相关资料，笔者拟订了包含广州市 4 个区、7 个镇的 65 个重点侨乡（图 2-1），涵盖了广州乡村近代华侨的主要侨居国所对应的侨乡的调研表（表 2-2）。

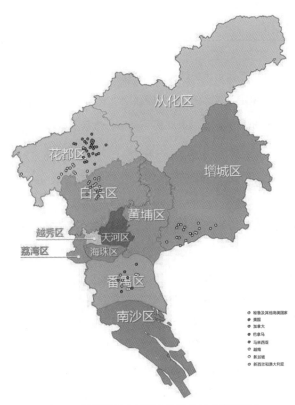

图 2-1　调研的侨乡村落定位及其对应的侨居国

（图片来源：自绘）

调研的侨乡及其侨居地统计表　　　　　　　　　　表 2-2

区名	镇名	村名	侨居地
白云区	人和镇	鸦湖、秀水、人和、高增、方石、横沥	加拿大、新西兰、秘鲁、新加坡、马来西亚
	太和镇	夏良、南村	加拿大、新西兰、秘鲁、新加坡、马来西亚
	江高镇	大石村	新加坡

续表

区名	镇名	村名	侨居地
花都区	花山镇	洛场、平山、东华、东湖、平东、龙口、新和、平西、永明、两龙、东方、铁山、南村、五星、和郁、布岗、永东、花城、城西、儒林、红群、福源、紫西、两龙圩	美国、巴拿马、越南、柬埔寨
	新华镇	田美、马溪、朱村、清布、九潭、大华、岐山、三华、公益、新华、太埔、清浦	美国、巴拿马、越南、柬埔寨
增城区	新塘镇	白江、甘涌、大敦、新街、田心、黄沙头、石厦、白石、沙头、乌石、瓜岭、塘美、久裕、官湖	新西兰、澳大利亚、马来西亚
番禺区	南村镇	樟边、水坑、坑头、梅山、罗边、南村	新加坡、马来西亚、加拿大、美国、秘鲁

根据侨居自身特色、广州市历史建筑维护修缮利用规划指引（试行）及刘沛林先生的聚落景观识别要素等，拟定了包括侨居现状及侨居文化因子等具体建筑内容调研表，并对广州市花都区花山镇的侨居的现状及文化因子等信息进行了统计汇总（表2-3），为侨居基础资料的整理规划以及保护利用提供基础资料。

2.2 广州市近代乡村侨居调研情况：数量、分布、位置

2.2.1 数量

首先，在选取调研村落时，笔者是根据广州市志、地方志、广州市文物普查汇编等对广州的侨乡进行汇总，并提取出重要的侨乡进行调查的。虽然由于人力物力有限，调研中可能存在个别遗漏的情况，但在调查的过程中发现，即便是重点侨乡，大部分村落的侨居数量正在逐渐较少，且好多侨乡已经没有侨居了。调研村落侨居数量情况如表2-4所示。

根据对各个村落侨居数量现状的分析，可将侨居在村落中的数量分布情况分为三种：（1）成片区的存在，约占调研村落总数的15%；（2）个别存在，约占调研村落总数的23%；（3）完全拆除，约占调研村落总数的62%。

大量存在的有三种情况，一种是类似于洛场村这种侨居数量众多，且具有特色，进而得到整个片区的保留和保护并进行开发利用；一种是类似于岐山村这种，由于城镇化发展较慢，侨居还没有受到很严重的破坏；还有一种是屋主自发的保护，例如坑头村的侨居位于旧村，侨居大多被保留下来，其中的一座侨居设置为秘鲁华侨馆。但侨居大量存在且保存较完好的村子占调研村落的比例还是很小的，大部分村落的侨居为个别存在，更多的村落已经将原有的侨居全部拆除。

表 2-3 广州市花都区花山镇的侨居的现状及文化因子等信息统计表

村落名字	侨居名字	修建年代	建筑风格	层数	建筑平面	细部装饰	保护现状	使用现状	屋顶样式	主要建筑材料	结构	是否有阳台	是否有柱廊	防御性	备注
洛场村	彰柏家塾	20世纪20年代	中西合璧	3	矩形	花瓶栏杆	区文保	茶道，有加建	平屋顶，有女儿墙	青砖	砖结构，木梁	无	无	较弱	
	澄卢	20世纪30年代	中西合璧	3	矩形	花瓶栏杆	区文保	荒废待用，长满苔藓	硬山顶，有女儿墙		砖混，大楼墙体有铁拉码加固	无	无	较弱	
	开城楼	20世纪30年代	中西合璧	3	矩形	拱形窗，墙砌有拱形照壁，照壁上有飞鹰	区文保	荒废待用，长满苔藓	硬山顶，有女儿墙		砖结构	无	无	较弱	
	洛元楼	20世纪初	中西合璧	3	矩形		区文保	荒废待用，长满苔藓	平屋顶，有女儿墙		砖结构	无	无	较弱	一层屋顶上有亭子
	洛队八4	20世纪30年代		不详	矩形			已坍塌	外女儿墙，平坡无法观测			无	无	较弱	
	静观卢	20世纪30年代	中西合璧	3	矩形	拱形窗，磨砂玻璃	区文保	荒废待用	平屋顶，有女儿墙	大砂砖和青砖	砖结构	无	无	较弱	
	鹰扬堂	1946	中西合璧	4	矩形	正面女儿墙砌有拱形照壁，照壁上有飞鹰	区文保	出租他人	外女儿墙，平坡无法观测	青砖	砖混，大楼墙体有铁拉码加固	无	无	较弱	
	活钦卢	20世纪30年代	中西合璧	4	矩形	三角形山花	区文保	荒废待用	外女儿墙，平坡无法观测	青砖	砖结构	无	无	较弱	
	津仁楼	20世纪30年代	中西合璧	4	矩形	花瓶栏杆	区文保	荒废待用	平屋顶，有女儿墙	青砖	砖结构	无	无	较弱	
	桂添楼	20世纪30年代	中西合璧	4	矩形	拱形窗檐	区文保	荒废待用	平屋顶，有女儿墙	青砖	砖结构	无	无	较弱	
	拱日楼	20世纪30年代	中西合璧	4	矩形	拱形窗檐	区文保	荒废待用	外女儿墙，平坡无法观测	青砖	砖结构	无	无	较弱	
	桂昌楼	20世纪30年代	中西合璧	3	矩形	拱形窗檐	区文保	荒废待用	外女儿墙，平坡无法观测	青砖	砖结构	无	无	较弱	

续表

村落名字	侨居名字	修建年代	建筑风格	层数	建筑平面	细部装饰	保护现状	使用现状	屋顶样式	主要建筑材料	结构	是否有阳台	是否有柱廊	防御性	备注
洛场村	桂检楼	20世纪30年代	中西合璧	2	矩形	拱形窗檐	区文保	荒废待用	外女儿墙、平坡无法观测	青砖	砖结构	无	无	较弱	
	穗庐	20世纪30年代	中西合璧	3	矩形	拱形窗檐	区文保	荒废待用	外女儿墙、平坡无法观测	青砖	砖结构	无	无	较弱	
	汝威楼	20世纪30年代	中西合璧	4	矩形	拱形窗檐	区文保	荒废待用	外女儿墙、平坡无法观测	青砖	砖结构	无	无	较弱	
	容滕楼	20世纪30年代	中西合璧	4	矩形	三角形山花	区文保	荒废待用	外女儿墙、平坡无法观测	青砖	砖结构	无	无	较弱	
	岳鸾楼	20世纪30年代	中西合璧	3	矩形	围墙门口火焰山花	区文保	荒废待用	外女儿墙、平坡无法观测	青砖	砖结构	无	无	较弱	
	岳松楼	20世纪30年代	中西合璧	2	矩形		区文保	荒废待用	外女儿墙、平坡无法观测	青砖	砖结构	无	无	较弱	
	起鹏楼	20世纪30年代	中西合璧	3	矩形		市文保	荒废待用	外女儿墙、平坡无法观测	青砖	砖结构	无	无	较弱	
	营辉楼	20世纪30年代	中西合璧	4	矩形	拱形窗檐	区文保	荒废待用	外女儿墙、平坡无法观测	青砖	砖结构	无	无	较弱	
	配芬家塾	20世纪30年代	中西合璧	3	矩形	拱形窗檐	区文保	荒废待用	外女儿墙、平坡无法观测	青砖	砖结构	无	无	较弱	
	禄海楼	20世纪30年代	中西合璧	3	矩形	门廊	区文保	荒废待用	外女儿墙、平坡无法观测	青砖	砖结构	无	无	较弱	
	汇梓桥楼	20世纪30年代	中西合璧	4	矩形	花瓶栏杆	区文保	荒废待用	坡屋顶平屋顶都有	青砖	砖结构	有	无	较弱	
	汇球楼	20世纪30年代	中西合璧	4	矩形	门廊	区文保	荒废待用	外女儿墙、平坡无法观测	青砖	砖结构	有	无	较弱	
	邵庚楼	20世纪30年代 1930	中西合璧	4	矩形		区文保	荒废待用	外女儿墙、平坡无法观测	青砖	砖结构	有	无	较弱	

续表

村落名字	侨居名字	修建年代	建筑风格	层数	建筑平面	细部装饰	保护现状	使用现状	屋顶样式	主要建筑材料	结构	是否有阳台	是否有柱廊	防御性	备注
平山村	富楼		中西合璧	3	矩形	山花	区文保	周边工地工人暂住	外女儿墙，平坡无法观测	青砖	砖结构	有	无	较弱	美国旧金山华侨
	勋庐	1926	中西合璧		矩形	四角有小楼，三角形窗檐	市文保	荒废待用，长满苔藓	外女儿墙，平坡无法观测	青砖	砖结构，木梁	无	无	较弱	有防御枪口
五星村	光福楼		中西合璧	2	矩形	有腰檐，但为中式	区文保	被搭建建筑紧围	外女儿墙，平坡无法观测	青砖	砖结构	无	无	较强	
和郁村	王氏侨居1		中西合璧	主4 局部5	矩形	楼顶四角突出圆形女儿墙，门口有立柱和拱券门	区文保	居住	外女儿墙，平坡无法观测	青砖	砖结构	无	无	较弱	屋顶用作阳台
	王氏侨居2		中西合璧	3	矩形	有窗檐	区文保	荒废待用	外女儿墙，平坡无法观测	青砖	砖结构，木梁	无	无	较强	更楼
新和村	更楼		中西合璧	5	矩形	有窗檐，屋顶有女儿墙挑檐	区文保	荒废待用	外女儿墙，平坡无法观测	青砖	砖结构	无	无	较强	有窗户，有防御枪口
东湖村	A侨居		中西合璧	主3 局部4	矩形	有窗檐，屋顶露台，山花		荒废待用	平屋顶	青砖	砖混，大楼墙体有铁拉条加固	无	无	较强	周边满是荒草和残墙，不可近
	利明别墅	1937	中西合璧	主3 局部4	矩形	局部屋顶露台，山花	市历史建筑	状况良好，有换过门窗，空置	平屋顶	青砖	砖结构	无	无	较弱	内有祭祖，原屋主姓黄，现居美国，春节会回来
平东村	平东七队141号民居		中西合璧	主3 局部4	矩形	直线型和拱券型窗檐	市历史建筑	荒废待用	平屋顶	青砖	砖结构	无	无	较弱	
	平东七队126		中西合璧	主3 局部4	矩形			荒废待用，局部残破用红砖修补	平屋顶	青砖	砖结构	无	无	较弱	
	平东七队124/129/131		中西合璧	主2 局部3	矩形	直线型窗檐，有腰檐		荒废待用，局部残破用红砖修补	外女儿墙，平坡无法观测	青砖	砖结构	无	无	较弱	

第二章 广州近代侨乡和侨居调研现状 | 049

续表

村落名字	侨居名字	修建年代	建筑风格	层数	建筑平面	细部装饰	保护现状	使用现状	屋顶样式	主要建筑材料	结构	是否有阳台	是否有柱廊	防御性	备注
铁山村	A侨居		中西合璧	2	矩形	门框上部有欧洲住宅的画作装饰，镂空女儿墙，直线型窗檐		荒废待用	平屋顶	青砖	砖结构	无	无	较弱	屋顶有烟囱
儒林村	林氏侨居		中西合璧	主4局部5	矩形	直线型窗檐，有腰檐		居住，门窗有改变	外女儿墙，平坡无法观测	青砖	砖结构	无	无	较强	现居住者姓林，原屋主未调查到
紫西村	邱氏侨居/廷章阁		中西合璧	原为6层，现为2层	矩形	直线型窗檐		荒废待用	现为坡屋顶	青砖	砖混，内有钢筋混凝土梁柱	无	无	较强	邱姓家族多户居住，原为6层，被日军轰炸后修复成2层，原屋主去到巴西、西班牙和巴拿马
两龙村	有能楼		中西合璧	主2局部3	矩形	有腰檐，但为中式，门框上部有中国画作装饰，有悬挑窗檐	区文保	居住，状况良好	坡屋顶，外女儿墙	青砖	砖结构	无	无	较强	预算原因，一楼和二楼之间采用的是外进口的水泥做楼梯，二楼和三楼之间为木楼梯，原屋主去了美国，春节会回来，有枪口
两龙村	才能楼		中西合璧		矩形	有腰檐，门框上部有中国画作装饰，有悬挑窗檐	区文保	现为一对老夫妇居住，屋顶女儿墙有部分拐塌	外女儿墙，平坡无法观测	青砖	砖结构	无	无	一般	
两龙村	学能楼		中西合璧	2	矩形	拱券型窗檐		居住，局部有翻修	坡屋顶	青砖	砖结构	无	无	较强	现在的使用者和有能楼为同一人
两龙村	满能楼		中西合璧	前2后3	矩形	直线型和拱券型窗檐		荒废待用	坡屋顶	青砖	砖结构，大楼墙体有铁拉码加固	无	无	较强	两进院落，现在的"使用者"和有能楼为同一人
两龙村	王氏大屋		中西合璧	2	矩形	门框上部有中国画作装饰，拱券型窗檐		居住	坡屋顶	青砖	砖结构	无	无	较弱	原屋主去了美国，将此屋出租

调研村落侨居数量情况 表2-4

区名	镇名	村名	侨居有/未发现	数量	区名	镇名	村名	是未发现侨居	数量
白云区	人和镇	鸦湖	未发现		花都区	新华镇	田美村	未发现	
		秀水	未发现				马溪	未发现	
		人和	未发现				朱村	未发现	
		高增	有	一栋			清布村	未发现	
		方石	未发现				九潭村	未发现	
		横沥					大华村	未发现	
	太和镇	夏良	有	残破的几栋			岐山村	有	片区
		南村	有	片区			三华村	未发现	
	江高镇	大石岗村	有	一栋			公益村	未发现	
花都区	花山镇	洛场	有	数量多			新华村	未发现	
		平山	有	两栋			太埔村	未发现	
		东华	未发现				清浦村	未发现	
		东湖	有	一栋			樟边村	未发现	
		平东	有	四栋			水坑村	未发现	
		龙口	未发现		番禺区	南村镇	坑头村	有	
		新和	有	一栋			梅山	有	
		平西	未发现				罗边村	有	
		永明	未发现				南村	有	
		两龙	有	五栋			白江村	未发现	
		东方	未发现				甘涌村	未发现	
		铁山	有	一栋			大敦村	未发现	
		南村	无		增城区	新塘镇	新街村	有	2栋
		五星	有	一栋			田心村	有	片区
		和郁	有	两栋			黄沙头村	有	约50栋
		布岗	未发现				石厦	未发现	
		永乐	未发现				白石	未发现	

续表

区名	镇名	村名	侨居有/未发现	数量	区名	镇名	村名	是未发现侨居	数量
花都区	花山镇	花城	未发现		增城区	新塘镇	沙头村	未发现	
		城西	未发现				乌石村	有	2栋
		儒林	有	一栋			瓜岭村	有	2栋
		红群	未发现				塘美村	有	近100栋
		福源	未发现				久裕村	未发现	
		紫西	有	一栋			官湖村	未发现	
		两龙圩	未发现						

2.2.2 分布形式

在调研中发现，侨居在村落内的分布情况主要分为片状、散点两种，下面对这两种情况进行介绍。

（1）片状分布

片状分布的侨居，形成的原因主要有两种，一种是一个片区内的侨居在建筑形制上大致相同，产生这种情况的原因一般为同一个姓氏或同一家族的华侨，在海外挣到钱之后，回到家乡，在同一个区域内建造房子，因本地传统，这样的侨居往往在建筑形制上大致相同，用以象征兄弟和睦，例如岐山村村内的一个侨居片区；另一种是虽然在同一个片区，但侨居之间往往因屋主的财力、审美和生活需求等原因的不同，而在高度、细部装饰和体量上有所区别，例如洛场村的几个侨居片区，片区与片区之间有所不同，各片区内的侨居之间也存在较大的区别。

岐山村的华侨建造的十三队民宅、当地建造的十四队民宅（图2-2a），住宅坐北朝南，成列排布，列与列之间为巷子相隔，并在巷子的两端设置巷门（图2-2b），一般写有巷名，如十四队的南阳巷。

　　　　　　　　a　　　　　　　　　　　　　　　　b
图 2-2　花都区花山镇岐山村的街巷式布局及巷门
（图片来源：自摄自绘）

　　洛场的彰柏家塾片区（图 2-3），分布着形制不同且风格各异的侨居。在建筑层数方面，从两层到四层不等，且有些侨居顶层或者是最上面两层为退台的形式；平面尺寸、布局及建筑朝向上也大不相同，平面以矩形和正方形为主，有的侨居还有小庭院；建筑装饰方面，山花、栏杆、窗楣、灰塑等也形式各异；在建筑材料方面，大部分以当地的青砖为主，但有些侨居使用了水泥和钢筋等作为建筑材料，内部的楼梯也存在木楼梯和水泥楼梯两种形式。

图 2-3　花都区花山镇洛场村彰柏家塾片区
（图片来源：自摄）

(2) 点状分布

侨居在村落中呈点状分布的情况有很多，原因主要有三种，一种是更楼类的侨居，因为其具有防御和瞭望功能，因而往往单独设置于村头；一种是华侨在建造时，就是单独建造，规模较大保存较好的有平山村的富楼（图2-4）、勋楼，大石岗村的兰苑等；还有一种是由于周边侨居的拆建，致使原来呈片区形式存在的侨居变成了点状或者是散点式分布，例如番禺区南村镇的南村村原有的侨居被拆除建新建筑，使得原本呈现集中区域分布的侨居，变成散点分布，与改建房混处的状态。

图2-4 花都区花山镇平山村的富楼位于村头
（图片来源：自摄）

2.2.3 侨居在村中的位置及其变化

（1）侨居建造时在村中的位置

侨居在建造之初主要是位于村头和村中。下面对这两种位置进行分别阐述。

侨居在建造时位于村头主要有两种情况，一种是因防御原因位于村头，另一种是因宅基地选址等原因位于村边。只用于防御的更楼类碉楼或众人楼式碉楼一般坐落于村口、村边，以南或东南向为主，有的碉楼坐落于河中，如增城新塘镇瓜岭村的宁远楼，建于1930年，在村前河涌中间，楼与岸之间设吊桥，选址独特，防御性强；因地基原因位于村边，开辟新的区域建设成片的侨居，例如位于人和镇矮岗村的华侨新村（图2-5），就是由曹祐和等 12 位华侨开辟了一个新的片区建造的用于居住的侨居，整个片区坐北朝南，并建有公共使用的聚合堂，坪前有水塘。

图 2-5　白云区人和镇矮岗村华侨新村片区位于村头
（图片来源：自摄）

用于日常生活起居并兼具防御功能的侨居则多位于村中，多是三五成群的分布，一个村子多则几十座，少则三四座。例如番禺区南村镇罗边村的侨居片区位于村中解阜里的白石门巷和红石门巷（图 2-6），南村的侨居则多位于永宁里横一巷。

（2）侨居现在在村落中的位置

随着时代的发展和人口的增加，很多侨乡也在不断扩大其规模，建造越来越多的房屋。原来的侨居往往被新建的住宅所包围。曾经在村头的侨居，由于村子的建筑规模不断扩大，现在很可能是在村中了。笔者在调研过程中发现很多更楼不是位于村头而是在村子内部了，这一点也在采访当地老人时得到了印证。例如增城区新塘镇新街村（图 2-7），据当地老人介绍，这个村子有两座炮楼，分别位于村子的两头，但由于村子规模的不断扩大，炮楼已经被周边的建筑围住，新建建筑与炮楼之间的距离很小，而且已经找不到进入炮楼的入口了。

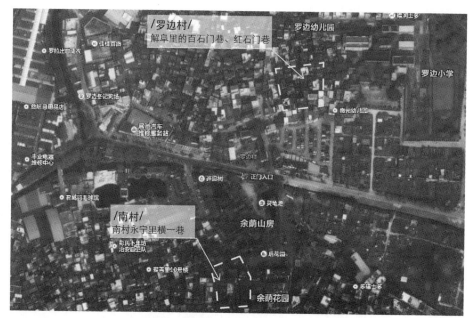

图 2-6 番禺区南村镇罗边村解阜里的白石门巷和红石门巷

（图片来源：自绘）

图 2-7 增城区新塘镇新街村炮楼

（图片来源：自摄）

2.3 广州近代乡村侨居文化因子

根据对调研情况的汇总分析,笔者发现广州近代乡村侨居文化因子主要包括屋顶形式、山墙和女儿墙形式、细部构造和装饰、层数与层高等方面(表2-5)。

广州近代乡村侨居主要文化因子汇总表　　　　表2-5

屋顶形式	硬山坡屋顶	歇山坡屋顶	女儿墙压檐坡屋顶
	角堡圆形尖顶	平屋顶	前平后坡
山墙形式	硬山山墙	镬耳山墙	青砖女儿墙
	栏杆代替女儿墙	山花	出挑女儿墙
窗楣形式	灰塑植物门楣	拱券门楣	国外壁画门楣

续表

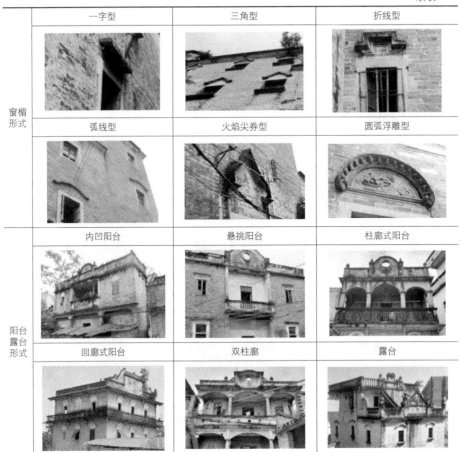

窗楣形式	一字型	三角型	折线型
	弧线型	火焰尖券型	圆弧浮雕型
阳台露台形式	内凹阳台	悬挑阳台	柱廊式阳台
	回廊式阳台	双柱廊	露台

2.3.1 屋顶形式

屋顶一般是侨居装饰的重点部位,形式也多种多样,主要分为传统型坡屋顶、外来型平屋顶和中西结合式屋顶。

(1) 传统型

常见的传统型坡屋顶包括悬山坡屋顶、硬山坡屋顶、有女儿墙的外平内坡式屋顶以及出现在碉楼或庐式侨居的角堡上的攒尖顶。前三种比较常见于跟传统民居建筑形式类似的侨居中。

(2) 外来型平屋顶

外来型屋顶多见于碉楼式、庐式和小洋楼式侨居。平屋顶还可以作为上人露台和天台供居住者使用。平屋顶一般装饰有山花和女儿墙等。

（3）中西结合式

中西结合式屋顶是融合了中西两种屋顶形式，主要分为前平后坡式屋顶和前坡后平式屋顶。

前坡后平式屋顶主要是前面的附属部分为坡屋顶后面主体部分为西式的平屋顶。前平后坡式屋顶主要为前面为西式的小洋楼形式后面为传统的坡屋顶形式。

2.3.2　山墙与女儿墙造型

山墙主要分为两种，一种是中式的硬山山墙及镬耳山墙；一种是西式的山花型山墙。

女儿墙也主要分为两种，一种是由栏杆或砖墙构成的女儿墙；一种是悬挑型的女儿墙。

2.3.3　细部装饰

在细部装饰方面，部分侨居仿照西方的古典柱式进行装饰。部分侨居完全采用本地传统的木雕、砖雕和灰塑等进行装饰，部分侨居以中西结合形式进行装饰。门楣窗楣等为主要装饰部位。

窗：侨居中，除部分碉楼式侨居的抢眼式窗洞口外，一般窗洞口比普通民居大，多是800mm×1100mm的规格，窗楣的形式主要分为两种，一种是直线、弧线、折线型的线形窗楣。一种是用灰塑装饰的窗楣。

门：侨居的门楣主要分为两种，一种是以传统浮雕、灰塑、拱券等装饰的门楣，常用的题材一般为寓意如意吉祥等；一种是由西式壁画装饰的门楣，画的内容主要是国外的建筑和生活场景。

2.3.4　局部构造

角堡：多见于碉楼式侨居和庐式侨居的屋顶的四角，一般是半圆形和八角形为主且为半悬挑的形式。一般有狭窄的枪眼型洞口用于防御。

回廊式：指在侨居的中间层设置回廊，如平山村的富楼。

凹凸阳台：阳台一般见于庐式侨居或者是小洋楼式侨居，一般为半悬挑半凹入的阳台，部分侨居的阳台为凹入式阳台和全悬挑阳台。

柱廊：柱廊的形式一般出现在小洋楼式侨居当中，使建筑通透活泼，多设置在二楼或顶层，有助于遮阳，部分侨居在一楼也设置柱廊。

2.3.5 层数与层高

侨居一般为 2~4 层,有一些会高达 5 层或 6 层,侨居层高一般特点是从下至上层高渐小,首层一般高 3.5~4.0m,二层层高一般较首层低 150~200mm,三层以上层高有些按此数递减,有些则与二楼层高一样。

2.4 本章小结

在数量、分布、位置、文化因子等方面,根据对各个村落侨居数量现状的分析,侨居在村落中的数量分布情况分为三种:成片区的存在,约占调研村落总数的 15%;个别存在,约占调研村落总数的 23%;完全拆除,约占调研村落总数的 62%。广州近代乡村,即便是重点侨乡,侨居的数量正在减少;且很多侨乡已经没有侨居了。侨居在村落内的分布情况主要分为片状、散点两种,且由于部分侨居被拆除重建,很多片状分布的侨居变成了散点分布。广州近代乡村侨居文化因子主要包括屋顶形式、山墙和女儿墙形式、细部构造和装饰、层数与层高等几个方面。

第三章　广州近代乡村侨居的主要类型与特点及影响侨居形式的因素

基于对65个村子的近代乡村侨居的实地调研，将目前尚存的侨居的建筑形式进行整理（表3-1），从建筑风格和建筑功能布局这两个主要方面，将广州近代乡村侨居分为改良式三间两廊侨居、碉楼式侨居、庐式侨居、小洋楼式侨居及中西结合园林式侨居五种类型（表3-2）；并通过对华侨家庭组成、生活方式、侨居国民居形式、先进的技术材料等方面的分析，总结归纳其对侨居形式影响的机制。

调研村落中现存的侨居形式汇总表　　　　表3-1

区名	镇名	村名	侨居数量（栋）	侨居建筑形式	各区县侨居建筑形式汇总
白云区	太和镇	矮岗村	19	18栋传统型；1栋庐式侨居	多：传统型 少：小洋楼式、庐式及碉楼式
		夏良村	2	2栋传统型	
		南村	3	1栋传统型+庭院；2栋传统型	
	人和镇	高增村	1	1栋炮楼	
	江高镇	大石岗村	4	1栋小洋楼；3栋传统型	
增城区	新塘镇	黄沙头村	50	小洋楼型和传统型居多	多：小洋楼式、传统型 少：庐式、碉楼式
		塘美村	104	小洋楼型和传统型居多	
		田心村	4	4栋小洋楼型	
		瓜岭村	5	2栋碉楼；1栋小洋楼型；1栋庐式侨居	
番禺区	南村镇	坑头村	11	11栋传统改良型	多：传统型 少：小洋楼
		罗边村	14	14栋传统改良型	
		南村	13	1栋小洋楼式，12栋传统改良型	
花都区	花山镇	洛场村	45	约20栋庐式侨居；约25栋传统改良型	多：庐式、碉楼式小洋楼式、传统型
		平山村	2	2栋庐式侨居	
		五星村	1	1栋碉楼	
		和郁村	2	1栋庐式侨居；1栋更楼	
		东湖村	1	1栋碉楼式	
		平东村	4	4栋庐式侨居	
		铁山村	1	1栋庐式侨居	
		儒林村	1	1栋碉楼式	
		紫西村	1	1栋碉楼式	
		两龙村	5	4栋传统改良型；1栋碉楼式	
	新华镇	三华村	1	1栋传统改良型	
		岐山村	10	10栋传统改良型	

注：此表的数据来源于笔者实地调研和广州市文物普查汇编，因调研中可能存在误差，因而侨居及其类型的数量可能存在误差。

五种侨居类型及其特点

表 3-2

侨居类型	平面布局	风格特征及装饰部位	建筑构造（通风、采光、隔热）	建筑材料及结构特点	庭院/天井/阳台	建筑层数
改良式三间两廊侨居	1.一明两暗两进深（三间两廊）2.两层或三层时楼梯多设于侧卧或神楼后	1.建筑整体简约朴素 2.门楣、窗楣、宝瓶栏杆	1.开窗数量比传统民居多，窗洞口比传统民居大南向开窗，少数北向开窗 2.因而通风采光较传统民居有所改善，但仍较差 3.中空墙体保温隔热	青砖、木材、石材	1.主体建筑与两廊围合成天井 2.无绿化	1~3层，2层居多
碉楼式侨居	1.方形平面 2.主楼内仅设楼梯和房间 3.顶层四角往往设有小碉堡	1.建筑整体封闭性和体量感强 2.窗楣、屋顶	1.窗洞口小，很多为枪眼式 2.通风较好，但采光较差	混凝土、钢筋、青砖、石材	无	3~7层
庐式侨居	1.多为方形平面，也有矩形和十字形 2.厨房圆等设于附楼	1.建筑为中西结合的形式，装饰较繁多 2.门楣、窗楣、女儿墙、屋顶、栏杆	1.顶层可做隔热层 2.青砖砌筑的中空墙保温隔热	混凝土、钢筋、青砖、石材	1.在主楼和附楼之间设小庭院 2.建筑内部可能有天井	3层居多
小洋楼式侨居	矩形，进深较大	1.整体建筑通透，精致 2.柱廊、阳台、山花、栏杆	1.窗洞口较大，有阳台遮阳 2.进深空间采光通风较差	混凝土、钢筋、青砖、石材	少数有天井但有阳台	2层居多，少数3层
中西结合园林式侨居	单体建筑同小洋楼式和传统三间两廊等布局	同小洋楼式和三间两廊式民居	同小洋楼式和三间两廊式民居	混凝土、钢筋、青砖、石材	园林，绿化程度高	—

3.1 广州近代乡村侨居的主要类型

3.1.1 改良式三间两廊侨居

在调研中，笔者发现的三间两廊式侨居主要可分为两种类型：一是传统的三间两廊；二是在传统三间两廊基础上的改良式。本书主要探讨改良式的三间两廊侨居的各种特点。改良式的侨居一般高 2~4 层，往往采用青砖作为主要的建筑材料，欧式弧形、折线型窗楣，木窗框，磨砂玻璃，有些侨居借鉴西方的建筑形式，将主体建筑前的附属建筑由当地传统的坡屋顶改成了平屋顶，形成露台，与主体建筑的二层相连。

建筑单体平面布局形式为主体建筑三开间且以中间的堂屋为活动中心，主体建筑前的两廊作为厨厕杂物房以及主体建筑与两廊围成封闭或开敞的小天井的建筑形式。

值得注意的是，其他种类的侨居大多是自由布局，但改良式三间两廊侨居的布局往往与本地传统民居相似，每户住宅的平面和体量大致相同，街巷划分横平竖直，象征兄弟团结。例如上文所提到的岐山村华侨建造的十三队民宅等。

改良式三间两廊侨居主要分为两种类型：一种是平面和造型与传统几乎一致，但为了方便居住生活而在开窗和局部材料等细部处理上不同的改良版，一种是外观上与传统的三间两廊式有所差别，但仍保持相似的平面布局以及两廊的演化版。

（1）改良式三间两廊侨居特点

①立面造型、屋顶形式和层数

改良版立面造型与本地传统的三间两廊民居几乎一致为三角形山墙，整体建筑前高后低，坡屋顶，多为一、二层。有些将两廊的坡顶改为平顶露台（图 3-1）；演化版相较于改良版，体量更大，层数往往为 2~4 层，屋顶也存在坡屋顶和外平内坡女儿墙压檐两种形式，例如花山镇的洛场村的澄庐（图 3-2）、开城楼、活元楼等，两廊的屋顶也多为平屋顶。

②门窗洞口

为了方便生活和物质水平的提高，改良式三间两廊侨居与本地传统的三间两廊民居在门窗上的区别主要体现在两个方面：一是窗洞口的大小，为了方便通风采光，改良式三间两廊侨居的窗洞口一般较传统民居的窗洞口大；二是窗洞口的位置，改良式三间两廊侨居为了与天井结合，更好地顺应以南向为主的自然风向，多在南向开窗，从而加强室内的通

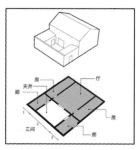  

传统三间两廊民居布局及造型　　改良式三间两廊侨居（岐山村十三队民宅）　　铁枝窗防御　　花阶砖铺地

图 3-1　传统三间两廊式民居与改良或三间两廊侨居比较

（图片来源：自摄自绘）

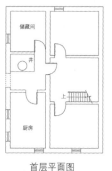  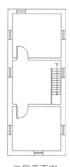 

首层平面图　　　　　　　二层平面图　　　　　　　三层平面图

图 3-2　演化版侨居：澄庐

（图片来源：自摄自绘）

风和采光。一些侨居为了通风也会在北向开一些小窗，更有甚者，会开一些较大的窗，但一般用铁枝做防护（图 3-1）。而当地民居为了防止"漏财"在后墙几乎不开窗，山墙开窗一般也都较克制，有的不开窗，有的开很小的窗，俗称"猫儿窗"，小窗的高度往往在人的触及范围之外。

③装饰装修

改良式三间两廊侨居中一般在木楼板上捣较薄的一层"石屎"板，批水泥砂浆面，还有的铺花阶砖饰面（图 3-1）。在装饰上，也引入一些外来的装饰元素，例如宝瓶栏杆、曲线窗楣、彩色玻璃花窗，有些演化版还引入外来山花并与中国元素结合（图 3-2）。

（2）演化版三间两廊侨居与碉楼式侨居和庐式侨居的区别

有些侨居既采用了三间两廊式的平面布局，又具有极强的防御性或杂糅了庐式侨居的装饰性。故此处对这种情况进行界定。

首先是部分碉楼式侨居在平面布局也采用了三间两廊的布局形式，但因其主体是防御性强的碉楼，因而本书将防御性强、墙身厚重、窗洞口小且多为枪眼的这类建筑划分为碉楼式建筑。

其次是外观上类似于庐式侨居，但因其平面功能布局依旧为三间两廊形式的侨居，因而本书将这类建筑划为演化版三间两廊侨居的范畴。

3.1.2 碉楼式侨居

张国雄先生通过对史料的解读，将碉楼定义为"以防御性为主的多层塔楼式乡土建筑"❶。刘亦师先生通过对碉楼的发展过程的研究，认为"碉楼与居住空间在空间上结合，这形成了在村落整体防御之外家庭的第二道防御屏障"❷。根据前人的研究成果，不难看出，碉楼主要具备两种主要特性，功能上具有防御能力，外形上为多层塔楼。值得注意的是，部分华侨建造的碉楼主要作用是防御，只在特殊时期作为临时的居住建筑使用，部分学者不将主要用于防御的碉楼（炮楼）划分为"碉楼民居"的研究范畴。张波在其硕士论文《近代粤中四邑村镇建成环境特征研究》中将单一用于防御性的碉楼也划分到"居所"类进行讨论，文中提到"防卫与居住分离的本质特点，是粤中侨乡碉楼演变过程的起点。而后，在大量建造实践过程中，乡村的自治防御，由单纯防卫向防卫兼居住转变，先后出现的众人楼和居楼，不同程度地融合居住的功能"❸。在此基础上，本书结合广州乡村碉楼（炮楼）的调研及其具有一定程度的居住功能，为尽可能完整地研究碉楼式侨居，将华侨建造的主要用于防御的碉楼和其他用于居住的防御性强的侨居一并列入侨居的范畴。

广州侨乡的碉楼主要为华侨建造。19世纪下半叶到20世纪上半叶，大量的华侨汇款涌入广州侨乡，为了抵御匪患和战乱，碉楼被大量地建造，并且采用了水泥、钢筋混凝土框架结构等新的建筑技术和材料，引进了西方的建筑风格和装饰艺术，因而这个时期建造的碉楼不仅坚固而且造型丰富。碉楼一般为3~7层，建造在村口和村后等全村最险要的位置，既有利于观察敌情，又有利于防守。墙体比普通的侨居和传统民居厚实，且多采用钢筋混凝土框架，窗洞口小且少，首层往往不设窗洞，且部分窗洞口为枪眼式，顶层悬挑或在四角设炮楼或瞭望台，屋顶女儿墙多设枪眼，建筑内常贮存有粮食和生活用品，有些

---

❶ 张国雄. 中国碉楼的起源、分布与类型[J]. 湖北大学学报（哲学社会科学版），2003，30（4）：79-84.
❷ 刘亦师. 中国碉楼民居的分布及其特征[J]. 建筑学报，2004（9）：52-54.
❸ 张波. 近代粤中四邑村建成环境特征研究[D]. 广州：华南理工大学，2016.

在首层设置水井。

笔者在调研的过程中，发现碉楼的使用功能、形式及材料等存在多方面的不同，因而本书根据调研的情况，对碉楼式侨居进行使用功能、材料两方面的划分。

碉楼式侨居按照功能大致可以分为三种：（1）众人楼，因由多户合资建造并使用，其平面尺寸和体量往往是三种碉楼里最大的，例如花山镇紫西村的延章阁，由邱姓家族多户居住，原为6层，被日军轰炸后修复成2层（图3-3）；（2）居楼，一般富人独家建造，用于兼具生活和防御功能的居楼，内部生活设施完善、造型多样，且装饰性较强，其平面尺度和体量主要有屋主的生活需求和资金决定，例如花山镇两龙村的学能楼（图3-4）；（3）更楼，一般为全村人共同建造，内部简单，建筑整体几乎无装饰，一般位于村口，平面尺度小，但体量高耸，便于提前发现外来盗匪和敌人，向全村人提出预警。也可与周边村落形成联防，例如新塘镇瓜岭村的宁远楼（图3-5）。

图3-3 众人楼（廷章阁）现状及内部混凝土框架
（图片来源：自摄自绘）

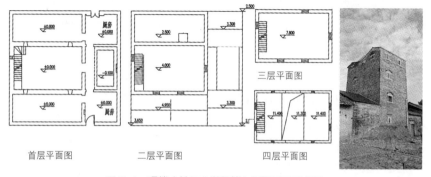

图3-4 碉楼式侨居（学能楼）平面图及现状图
（图片来源：自摄自绘）

碉楼式侨居按照建筑材料大致可以分为三种：（1）青砖碉楼，主要包括单一实体青砖墙、单一空气间层青砖墙、夹层为水泥的青砖墙、夹层为泥土的青砖墙四种。在调研的过程中，发现的青砖碉楼的数量很多，例如两龙村的学能楼（图3-4）等；钢筋混凝土碉楼，多建于20世纪20～30年代，采用进口水泥、进口钢材、砂及石子建成，因进口材料造价高，部分建筑内部采用木楼板。不仅坚固耐用而且造型上中西结合，形式新颖，这类碉楼在广州的代表当属瓜岭村的宁远楼（图3-5）；混凝土与青砖结合碉楼，这一类碉楼，往往是以混凝土为受力结构，青砖作填充墙体。例如和郁村的王氏更楼、紫西村的延章阁（图3-3）。

图3-5 混凝土碉楼（宁远楼）
（图片来源：自摄自绘）

3.1.3 庐式侨居

"庐式侨居是在碉楼式侨居的基础上发展起来的，是侨乡民居中'新建筑体系'的主要代表之一。兴起于20世纪30年代。早期的庐的平面和造型酷似碉楼，后期发展成多种形式。"❶

张国雄教授等提出"庐居的出现，是台山乡村建筑和居住条件、环境的一大跨越，一大进步，同时也是富贵的象征。"❷这一观念不仅适用于台山也适合于广州乡村的庐式侨居。

立面造型方面，庐式侨居一般为三、四层，并逐渐打破传统民居内向性的建筑形式，从内外两方面开敞，四面开窗且窗洞口较大，因而采光通风较好，且暗房少，有些庐式侨居的内部还引入楼井，如花山镇坪山村的富楼（图3-6），可作为共享空间加大各楼层间的联系和流动性。功能方面，受限于当时没有给排水设施，部分庐式侨居的居住空间与附属厨厕空间实现了分区，有助于改善卫生状况。主附楼之间一般用庭院、天井或者是冷巷分隔，如花山镇坪山村的勋楼（图3-7）；防御性方面，庐式侨居一般不设阳台，在顶层设平台或其他防御措施，窗洞口用铁枝窗做防护；装饰装修方面，其装饰精致，多用砖雕、木雕、灰塑、彩色玻璃花窗、宝瓶栏杆、花阶砖铺地等，且山花造型多样。

---

❶ 林怡. 粤中侨居研究[D]. 广州：华南理工大学，1991.
❷ 谭国渠，胡百龙，黄伟红. 台山历史文化集，第五编，台山洋楼[M]. 北京：中国华侨出版社，2007.

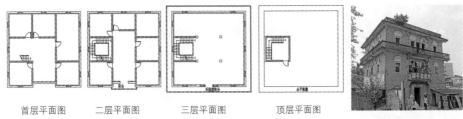

首层平面图　　二层平面图　　三层平面图　　顶层平面图

图 3-6　庐式侨居（富楼）平面图及现状图

（图片来源：自摄自绘）

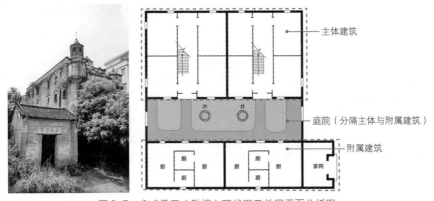

图 3-7　庐式侨居（勋楼）现状图及首层平面分析图

（图片来源：自摄自绘）

3.1.4　小洋楼式侨居

目前对于仿照外国古典建筑风格建造，尤以柱廊为特色元素的多层侨居的类型划分主要有以下几种情况。在一些侨乡，尤其是五邑地区带柱廊的侨居一般写有某庐的字样，因而部分学者的研究中往往将带有柱廊的多层侨居归类为庐式侨居的范畴，例如，《近代台山庐居的建筑文化研究》《近代江门侨乡的建筑形态研究》；部分学者根据其防御性较高的划定为碉楼，例如现在将开平的很多侨居称为开平碉楼；部分地区也根据当地对于西化程度较高的侨居称为洋楼的情况，将其称为洋楼，例如台山洋楼。

笔者结合调研情况和前人研究，将立面造型仿照外国古典建筑风格建造的外廊式多层民居建筑称为小洋楼式侨居。广州的小洋楼式侨居一般为一面临空的柱廊，装修精致，有阳台，屋顶一般为平屋顶，且往往采用柱廊和山花等建筑形式；建筑材料方面，使用新的材料，例如水泥、水泥制品、铁窗花等；平面布局方面，一般为矩形如增城区新塘镇塘美村塘美一坊街东一巷12~15号小洋楼（图3-8），或正方形。在广州比较典型的小洋楼式侨居主要位于增城区，建筑特色鲜明，中西合璧，千姿百态。

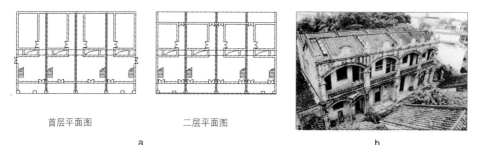

图3-8　塘美村12-15号小洋楼（a 平面布局；b 鸟瞰图）❶
（图片来源：自摄自绘）

3.1.5　中西结合园林式侨居

笔者在调研的过程中只发现兰苑（图3-9）一处小洋楼和三间两廊式平行排布的并在周边设有庭院的侨居，为华侨的私家园林。因而，本小节以兰苑的建筑形式和布局为例进行"小洋楼＋三间两廊＋庭院"的这种侨居类型的分析。

图3-9　中西结合园林式侨居（兰苑）鸟瞰图
（图片来源：自摄自绘）

---

❶ 广州市和各区（县级市）联合编撰．广州市文物普查汇编增城卷[M]．广州：广州出版社，2009．

兰苑，由邝姓新加坡华侨于 1927 年建造，主体建筑由一栋小洋楼建筑和三栋传统的三间两廊建筑整齐排列在一条直线上。建筑后面为 1400m² 的中式园林，园内建有六角琉璃亭，原有假山一座，现已不存。小洋楼以水泥为主要材料，造型为西式，但内部及细部装饰基本为本地形式，例如建筑三楼部位的中式牌坊、门口的趟栊及满洲窗。这些都体现了中西结合的建筑形式。

3.2 影响侨居形式的因素

广州近代乡村的侨居建筑风格多样，是融合了广州本地传统民居与外来建筑形式的产物。对于影响侨居形式的因素的探讨，主要集中于侨居与本地传统民居的不同点进而探讨其影响机制。主要探讨的因素包括华侨家庭人口、华侨生活方式、西方的建筑形式、西方先进的技术材料四个方面。

3.2.1 华侨家庭人口与侨居形式

广州近代乡村侨居相比于传统民居，在层数上以 2～4 层为主，部分原因是与华侨家庭人口的多少相关的。自古以来中国人认为多子多孙多福气，部分华侨在海外挣钱回乡后，会根据儿子的数量来决定建筑层数，一般有几个儿子建几层，女儿的数量一般不被考虑，这一点也反映了当时重男轻女的思想。值得注意的是，并不是有几层就有几个儿子，因为华侨在建造时往往希望自己的房子能够层数多够气派。以花山镇平山村的勋楼为例，其屋主有四个儿子和一个女儿，四个儿子成家之后，一人居住一层，女儿虽然一直未出嫁却一直跟父母住在同一层。有几个儿子建几层是部分屋主建造之初的想法，而后辈因各种原因出国等便是另外一回事了。

3.2.2 华侨生活方式与建筑形式

西方的生活方式对于侨居建筑形式的影响主要体现在三个方面，一是传统的坡屋顶变成可上人的平屋顶和露台；二是传统建筑厅堂中的供奉祖先的神龛移到其他空间；三是引入了柱廊式阳台。

首先，虽然有些传统的建筑的坡屋顶可以攀登，但不能作为活动场地供人们休憩休闲，而西方建筑里的平屋顶和露台则为居住者提供了远眺以及休闲娱乐的空间。

其次，传统建筑的厅堂的后墙一般设置有供奉祖先的神龛，但西方建筑一般将此空间用作客厅起居室等，部分侨居将供奉祖先的神龛移到其他空间。

最后，部分小洋楼式侨居和庐式侨居引入了柱廊式阳台这一建筑元素，与传统民居封闭性的建筑特性不同，是吸收了西方开放式建筑的特点，住户可以在阳台上乘凉。

3.2.3 侨居国民居与建筑形式

根据各个侨乡调研的侨居的建筑形式和其屋主侨居国的建筑形式的对比，发现并不是美国的华侨就建造西式建筑、越南的华侨就建造类似于越南传统民居样式的建筑。即便是同一个村落的同一个侨居国的华侨，他们建造的侨居在形式上也千差万别，例如洛场村。因而侨居国的民居的建筑形式与华侨回乡后建造的侨居的建筑形式没有绝对的一一对应的关系。

值得注意的是旅居美国、加拿大等比较发达的国家的华侨，建造的侨居一般为比较西式豪华的小洋楼式侨居、庐式侨居以及碉楼式侨居；东南亚等国的华侨建造的侨居一般是在传统侨居基础上的改良版，但部分东南亚国家的华侨也会建造非常西式的侨居。形成以上这些现象的原因笔者推测主要有两种，一是广州近代乡村的华侨遍布世界各地，其中以美洲、大洋洲和东南亚为主，虽然各个地区的传统民居有很大的区别，但根据东南亚的历史可知，自17世纪开始，东南亚大部分国家都曾是欧洲列强的殖民地，东南亚建造了很多西式的殖民建筑，这也影响了东南亚本地的建筑形式。因而各个侨居国的华侨都有机会见到西方的建筑，在资金允许的情况下，更偏向于建造气派的西式建筑。二是，发达国家的华侨一般资金更加雄厚，因而更加有可能建造需要投入很多人力、物力、财力的西式建筑。

3.2.4 近代西方先进的材料、技术对建筑形式的影响

西方先进的建筑材料和技术对于侨居建筑形式的影响主要体现在四个方面：一是，建筑的层数变高；二是空间变得更加开敞灵活；三是增加了悬挑阳台和回廊等；四是楼梯由木楼梯变成水泥楼梯。

在建筑层数方面，由于引进了西方先进的水泥和钢筋材料，侨居在层数增加的同时还能保证其安全性，虽然传统的青砖建筑也能建造多层，但墙往往变得很厚，施工难度也增大很多，而钢筋水泥不仅能够做成柱子和墙体来增加墙体的承载能力，而且可以将钢筋作为拉结筋加固墙体。

在室内空间方面，墙体的承载能力变大，可以减少承重墙的数量，因而室内的墙体设

置变得更加灵活，室内空间更加通透。

在阳台回廊方面，由于梁柱结构体系的引入，阳台的设置和回廊的设置变得更加灵活和多变。

在楼梯方面，传统建筑在有二楼或者是阁楼的情况下，往往会设置木楼梯，而部分侨居会采用水泥楼梯，水泥楼梯更加坚固耐久。

3.3 本章小结

本章通过对 65 个广州近代侨乡的 100 多栋侨居的实地调研，对广州乡村侨居的类型和现状进行统计和归纳；结合调研资料与前人学者的相关研究资料，提取出侨居的两个主要特征：建筑风格和建筑功能布局，以此将广州近代乡村侨居大致分为改良式三间两廊侨居、碉楼式侨居、庐式侨居、小洋楼式侨居及中西结合园林式侨居五种类型，并对演化版三间两廊侨居、碉楼式侨居和庐式侨居这三种存在一定交叉的侨居形式，在平面布局、建筑风格和防御性三个主要方面的区别进行探讨，进而对这三种类型的侨居进行区分；结合具体的侨居平面图、总平面图、建筑外观图和细部图等实例，对这五种类型进行更加具体的分析；并对这五种类型在建筑风格、结构材料、装饰、庭院和绿化以及建筑层数等方面进行了比较。

广州乡村侨居采用什么样的建筑形式，与多方面因素有关，华侨家庭人口、华侨家庭生活方式、华侨侨居国的建筑形式、西方先进的建筑技术和材料、本地传统民居的建筑形式及风俗、周边村子里其他华侨所建造的侨居的形式，资金、宅基地、华侨的审美等都会影响到侨居的建筑形式。

第四章　广州近代乡村侨居现状及其存在的问题

侨居作为民居的一种,不仅具有居住功能,而且是海外华侨与故乡之间的联系纽带。"人们都将自己的祖居地比作'根',人不能忘了'根',寻根问祖是每个子孙后代必须履行的家族传统。祖屋更是'根'的直接代表、'根'的凭证,并且国内家居房屋也是很多华人回国探亲、过节、祭祖的最好的居住选择。"❶ 因而对于侨居现状及其问题的分析,将有助于保护和活化侨居,进而使侨居的精神作用和使用价值得以更好的发挥。

4.1 个体侨居利用现状分类

笔者调研中发现,尚存的侨居中 56% 已荒废,34% 空置,6% 改为商用,4% 有人居住。根据调研中目前尚存的侨居的使用状况、建筑的物理状况、建筑的后期维护情况以及所存在的问题等,汇总如下(表 4-1)。

调研村落中尚存的侨居利用情况及其数量　　　　表 4-1

区名	镇名	村名	侨居数量(栋)	侨居建筑形式
白云区	太和镇	矮岗村	19	1 栋使用;18 栋静置荒废
		夏良村	2	空置有人维护
		南村	3	空置有人维护
	人和镇	高增	1	空置有人维护
	江高镇	大石岗村	4	空置有人维护
增城区	新塘镇	黄沙头村	50	1 栋租住;约 3 栋空置有人维护;约 46 栋荒废
		塘美村	104	1 栋有人居住;16 栋空置有人维护;约 87 栋荒废
		田心村	4	1 栋荒废;3 栋空置
		瓜岭村	5	1 栋原样保护;4 栋空置有人维护
番禺区	南村镇	坑头村	11	约 10 栋空置;1 栋华侨博物馆
		罗边村	14	约 14 栋空置
		南村	13	约 10 栋荒废;约 3 栋租住
花都区	花山镇	洛场	45	17 栋商业改造;28 空置有人看护
		平山村	2	1 栋空置有人维护;1 栋租住
		五星	1	居住
		和郁村	2	1 栋自住;1 栋荒废

---

❶ 许颖. 侨房政策下的侨房问题个案浅析——以大埔县昆仑村黄进添家族为例 [J]. 客家研究辑刊, 2016 (1): 72-76.

续表

区名	镇名	村名	侨居数量（栋）	侨居建筑形式
花都区	花山镇	东湖村	1	1栋荒废
		平东村	4	1栋空置有人维护；3栋荒废
		铁山	1	1栋荒废
		儒林村	1	1居住
		紫西村	1	1栋荒废
		两龙村	5	1栋自住；2栋租住；2栋空置有人维护
	新华镇	三华村	1	1栋空置有人维护
		岐山村	10	10栋空置

注：此表的数据来源于实地调研和广州市文物普查汇编，因调研中可能存在误差，因而侨居及其类型的数量可能存在误差。

通过对各种情况进行梳理，笔者将广州近代乡村侨居的现状主要分为六种情况，并结合具体的调研案例对其进行阐述分析。

4.1.1 原样保护

这一类侨居一般是比较重要的文保单位或历史建筑，其本身比较有特色，并得到了很好的保护。例如增城区瓜岭村的宁远楼（图4-1）。这栋碉楼建于1928年，共4层，高21m，在建造之初，其四周有溪水环绕，只有一个吊桥与村中相连，建筑内设有水井，并由暗道通向溪流，因而防御性非常强。这类侨居，往往由政府出资进行维护和修缮，因而建筑本身能够很好的保留原状。但其所存在的周边环境往往被忽略，例如宁远楼周边的溪流不见了，只剩下非常窄的用混凝土围起来的水面。

———— 原为水面

图4-1 宁远楼保护现状
（图片来源：自摄）

4.1.2 商用改造

这类侨居一般位于旅游景区内,在对其使用功能进行商业改造(如餐厅、工艺品店等)的同时,其本身也往往作为景点供人们参观游览,例如,花都区花山镇洛场村的彰柏家塾。洛场村因拥有众多非常具有特色的侨居而被打造成花山小镇,发展侨居旅游业。彰柏家塾(图 4-2)位于花山小镇的入口处,占据了非常主要的位置,而其本身也是研究民国时期华侨建筑和民间工艺的珍贵实物资料。它被改造成以传播民族传统文化和茶艺交流的场所。一楼为手工艺品店,二楼为茶室。室外的小庭院也用于人们喝茶和休息。建筑整体保留了原建筑的面貌的同时,根据使用需求对进行了调整和再设计,对墙面楼梯扶手等进行了粉刷,增添了一些装饰品,例如灯具、细砂铺地等。

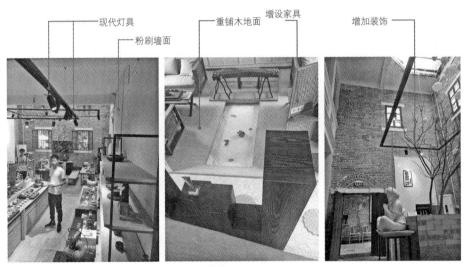

图 4-2 彰柏家塾商业改造内部

(图片来源:自摄)

4.1.3 自住

此类建筑多是侨胞的亲戚家属等居住,一般保存良好,但使用者为了提高居住的舒适度,往往根据自身的使用需求,对建筑进行改造,常见的改造有:铺设电路、引入照明及其他家用电器,增设厨房和卫生间,将原来的破旧的木窗框改成铝合金窗框,对地面进行重新铺贴及其他一些室内装饰装修等。

花都区花山镇两龙村的有能楼(图 4-3)的原屋主侨居美国,现屋主为原屋主的亲戚,

图 4-3 有能楼自住改造
（图片来源：自摄）

现屋主对该建筑内部进行了局部的修缮，对墙面进行了粉刷并铺设了木地板，且采用了现代化的厨具设备，因而厨房较整洁，洗手间位于附属建筑内，并单独设置了简易的淋浴间，相对于以前，舒适度有了很大的提高。据现屋主介绍，这栋建筑在建造时采用了当地传统的中空墙体的建造方法，保温隔热效果都比较好。

4.1.4 对外出租

笔者在调研的过程遇到很多对外出租的侨居，原屋主侨居国外或者在市区镇上居住，于是将侨居出租出去，一般都是租住给来广州打工的外乡人。由于租金便宜等因素，屋主往往不会投入大量资金对其进行修缮，而租赁者也通常不会对其进行维护，这些侨居往往不能得到很好的维护。

增城区新塘镇沙头村黄善安民宅（图 4-4）现由原屋主的弟弟所有，租住给外来务工的两户人家，该建筑共 3 层，室内空间非常的狭小，楼梯也只有 60cm 左右，上下楼非常的不方便，破漏的地方用质量很差且影响美观的塑料苫布进行遮挡，具有珍贵历史价值的水泥花阶砖老旧变黄满是水渍，室内加建了室内厕所，不但阴暗潮湿，而且存在卫生隐患。但由于是租赁居住，出租者和租赁者都不愿花费物力和人力对建筑环境进行改善。

图 4-4　对外出租的黄善安民宅内部使用情况

（图片来源：自摄）

4.1.5　空置和空置荒废

这类侨居由于原屋主侨居国外或者是居住在市区，而又没有租赁出去，处于空置的状态。空置一般分为两种，一种是由侨居的所有者或亲属看管并进行一定程度的日常维护；一种是荒废无人看管和使用的状态，由于年久失修，一些侨居的墙上长满了苔藓，一些侨居内部逐渐破败，木楼梯已坏，铁艺生锈，门窗和玻璃已经残破脱落，更有甚者已坍塌大半。

例如花都区花山镇平东村的利明别墅，屋主侨居美国，别墅由其亲戚代为看管维护；白云区人和镇矮岗村（图 4-5）现存的 19 栋华侨住宅中，有 18 栋处于荒废的状态．而周边又新建多层住宅，用于满足居住需求。由于产权、居住环境等原因，原有的侨居荒废不用，又占用额外的土地满足居住需求。这本身就是对于资源的浪费。

4.1.6 拆除重建

通过访问调查，笔者得知很多侨乡的侨居都有被拆除的情况，一些是因为地基政策原因，往往是拆除原有侨居，在此地基上进行新建，进而满足生活居住需求。例如在调研过程中，笔者发现花都区新华镇朱村原来是有侨居的，但在城镇化进程中，原来的全部侨居被推倒重新建了新楼。又如白云区人和镇矮岗村（图4-5）原有的8×8的布局中有多座侨居被拆除重建新住宅。

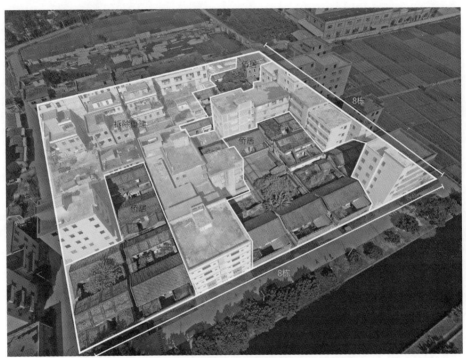

图4-5 矮岗村现存侨居现状及拆除重建民居部分鸟瞰图
（图片来源：自摄自绘）

4.2 缺乏完善的保护及活化利用的制度体系

通过对广州近代乡村侨居保护及活化利用现状的调查研究，笔者发现其缺乏完善的保护及活化利用的制度体系。这主要体现以下三个方面。

4.2.1 部分侨居存在产权不清和屋主难以联系等问题

广州近代乡村侨居由华侨出资建造。一方面，因为"在新中国成立以来的历次运动中，侨房不断受到侵犯，出现了'土改被没收、私改被经租、文革被挤占'的乱象。"❶虽然这种情况已经通过广东省落实侨房政策的实施而得到了很大程度上的解决，但目前仍然存在部分侨房产权不清的问题；另一方面，由于部分侨居的屋主侨居海外，很难联系到，这种情况也增加了对侨居保护和利用的难度。因产权问题的性质原因，只能交由相关政府部门解决。对于侨居屋主难联系的问题，可借助华侨组织等进行联系。

4.2.2 没有处理好保护和发展的关系

保护与发展存在着一定程度的矛盾，往往越是经济发展迅速、城镇化进程快的地区，侨居被破坏的现象就越严重，例如朱村。而在一些城镇化较低经济发展较慢的村落，侨居保存下来的则相对较多，如花都区新华镇的岐山村（图4-6），其城镇化的程度较低，村落中分布着很多个侨居及传统民居片区。但一旦那些城镇化程度较低的地区经济也发展起来，需要越来越多的土地用来建工厂和满足居住时，现有的侨居可能也将受到破坏。如何在促进村镇发展提高村民生活质量的同时，保护和活化利用侨居，需要更多的研究探讨和实践。

4.2.3 资金和技术投入不足，且没有合理的投入标准

在调研的过程中笔者发现在政府的资金和技术投入上存在两方面的主要问题，一是资金和技术投入不足。在调研的过程中，很多侨居的屋主反映，需要政府提供资金上的支持用于侨居修复。大部分侨居属于私人财产，如果屋主没有保护的观念和相应的资金投入，且政府也不投入资金的话，对于侨居的保护就很难进行下去。广州的各侨乡中存在很多荒废的侨居，由于得不到必要的维护和修复，破坏严重（图4-7）。二是目前还没有合理有效适用的资金和技术投入标准，对于侨居的保护目前还停留在对侨居进行文物单位和历史建筑的评定层面，而对于侨居在保护和修复过程中所应提供的技术和资金支持缺乏可实施的相关性政策及相关的技术支持部门及专业技术人员。肖旻老师也在其《广府地区古建筑残损特点与保护策略》一文中提出了"引入'鉴定单元'、'遗产适修性'等概念，通过结

---

❶ 罗素敏. 改革开放以来落实侨房政策研究——以广东为中心的考察 [J]. 华侨华人历史研究，2016（2）：50-60.

构安全模型研究深化残损点评估等方法"❶，为古建筑修复提供理论和方法上的支持，这一点也适用于侨居的保护和修复。

图 4-6　岐山村侨居与城镇化区域关系鸟瞰
（图片来源：自摄自绘）

图 4-7　澄庐脱落的装饰和坍塌的木楼梯
（图片来源：自摄）

---

❶ 肖旻．广府地区古建筑残损特点与保护策略 [J]．南方建筑，2012（1）：59-62．

4.3 缺乏完善的保护及活化利用实践方面的指导

调研的侨居居住环境普遍较差，一些侨居的屋主自发对侨居进行改造。笔者认为侨居在保护及活化利用的实践方面主要存在以下两方面问题。

4.3.1 侨居建筑居住空间舒适度较差

随着社会经济的发展，人们对于居住环境的需求也越来越高，虽然侨居较传统民居在采光和通风方面有所改善，但已远远不能满足现代人对于居住空间的需求。在调研的过程中，笔者发现侨居建筑居住空间主要存在五个方面的问题，一是缺乏现代化的水电设施，侨居在建造时，没有自来水系统及完善的电路系统，这对于现代人的居住生活而言是非常不方便的；二是缺乏必要的厨卫空间，乡村侨居中往往没有卫生间和淋浴间，都是居民早晨倒夜香，且老式的灶台已经不能满足现代生活中使用天然气和电厨具的设施要求；三是侨居在建造时虽然较传统民居在窗洞口有所变大，窗户数量亦有所增加，但其采光和通风依旧较差；四是私密性的问题，由于侨居往往是 2～4 层居多，这样的建筑形式不仅与当下提高土地的利用率之间存在矛盾，且一家人住在一栋建筑里，这种传统的大家庭式的生活模式与当代人们需要更多的私人空间的小家庭模式之间也存在着一定程度上的矛盾；五是原有的装修不能满足现代人的需求，例如侨居多为水泥地面或花阶砖铺地以及白灰泥墙抹面，但随着岁月的侵蚀，其表面出现裂缝及剥落的情况，在一定程度上影响了居住空间的舒适度。

与传统民居不同的是，侨居的所有者部分旅居国外，部分居住在附近的县城里，因而很大一部分侨居处于无人居住和维护的状态，一部分由其亲属居住，一部分租赁给外来务工人员。自居的侨居后期维护和设施一般情况下会比租赁出去的侨居维得好一些。如上文所列举的花都区花山镇两龙村的有能楼和增城区新塘镇沙头村黄善安民宅，这两个例子虽然不能代表所有用于居住的侨居现状，但其也是侨居建筑的一个缩影，广州市的侨乡有一部分侨居用于居住，居住环境与人们的生活息息相关，现在需要考虑的是面对不同形式和不同使用现状的侨居，是否能在保护侨居的基础上，最大化地提高使用者的舒适度。

4.3.2 侨居修复中存在一些修复性破坏

在侨居的修复中存在一些修复性破坏的情况，主要可分为四类。

第一类是材料方面以小充大、以次充好、改变原有材料。例如在修复时选用的木料与原有材料在直径上和树种上相差较远，油漆等则容易出现以次充好的的问题，用便宜的化学漆替代传统精工细作的矿物漆，便宜的化学漆往往质量较差，保存时间较短。而传统的油漆，虽然较贵，但能够经历百年风雨的侵蚀，依旧保持原有的颜色。而用红砖或者是混凝土砌块代替原有的青砖材料、水泥抹灰之后画白线替代青砖砌墙和用现代化的铝合金门窗代替原有的木门窗等现象也较普通。

第二类是建筑风格和工艺上出现一些张冠李戴的现象，将原来属于别地的工艺和装饰手法运用到建筑修复上，出现这种现象主要的有三个原因，一是修复之初，指导者或修复人员没对现状建筑的建筑及装饰工艺进行追根溯源，例如将原本的青砖墙涂成白色；二是修复人员对相关工艺不熟悉；三是有些为了美观和漂亮，将别处的装饰引入建筑的修复中，例如将现代的装饰未加考量地运用到侨居中。

第三类是修复质量的降低，正如戴志坚先生在其《福建古村落保护的困惑与思考》中提到的，"维修一座民居、祠堂需要很长的工期……我们的古建维修水平在退步，传统工匠体系在崩溃，修建性破坏成为历史建筑保护中一个不可回避的严重问题"❶。

第四类是只保护历史建筑单体，而忽略了对其所在的环境的保护，且存在一些在对单体建筑保护的过程中，对其原本所在的周边环境进行不可恢复的破坏性改造的情况。如上文提到的宁远楼，修建之初，宁远楼位于河中，只用吊桥与村中相联系，营造出极强的防御性，给村民带来安全感，而现在被混凝土地面围绕的宁远楼，其原有的形象受到了一定程度的破坏，这与《关于乡土建筑遗产的宪章》中所强调的"乡土建筑遗产是文化景观的整体组成部分"不符。但在实际的保护过程中，类似的保护形式屡见不鲜，因而对历史建筑所存在的环境的保护亟需更多的重视。

4.4　本章小结

广州近代乡村侨居的利用现状主要包括原样保护、商用改造、自住、对外出租、静置荒废和拆除重建六种类型。根据各种类型的数量及比例可知，大量的侨居处于未被利用的状态，侨居的利用率低。笔者将这六种情况的现状、优点、不足之处、数量进行分析和统

---

❶ 戴志坚. 福建古村落保护的困惑与思考 [J]. 南方建筑，2014（4）：70-74.

计（表 4-2）。

广州近代乡村侨居保护活化利用现状存在的问题，笔者认为可从制度体系和实践指导两方面讨论。

制度体系方面的原因主要有三种：一是产权不清，很难联系屋主；二是侨居保护和利用中没有处理好保护和发展的关系；三是地方政府对侨居的保护修复及活化利用的资金和技术投入不足，且没有合理的投入标准。

实践指导方面的原因主要有两种：一是侨居室内居住环境较差，现有的居住环境与居民对于居住空间的舒适度的改善之间存在矛盾；二是侨居修复中存在一些修复性破坏。

笔者希望在以后对于侨居的保护及活化利用时，能够尽可能地根据具体情况，扬侨居在节能环保、结构材料和装饰风格等方面之长，避上文中所提到的保护利用中存在的两种主要问题之短。

广州乡村侨居现状调研统计表（表格来源：自制）　　　表 4-2

现状分类	现状情况	优点	存在的问题	数量
原样保存	・主要是以各级文物保护单位为主； ・在修复和维护时尽可能地保持其原真性	・有助于保持侨居的原真性	・部分建筑只是作为"古董"失去了建筑的使用价值； ・往往只是保护建筑单体，忽视了其所在的环境	2
商用改造	・一般位于旅游景区或村落的中心； ・一般改造成餐厅、工艺品店、茶室等； ・其本身也往往作为景点供人们参观游览	・提高侨居的利用率，产生社会价值	・进行商业改造的，可能对侨居本身的原真性产生影响	17
自住	・一般由屋主或其亲属居住； ・根据使用需求，主要对厨厕、墙面、地板、屋顶、窗户和水暖电进行改造	・有效利用侨居； ・有助于侨居的日常维护； ・保存较好	・在后期的改造中，可能存在对侨居原真性的破坏	13
出租	・一般租住给来广州打工的外乡人； ・租金较便宜，屋主海外租赁者都不会对其进行很好的修复和维护	・提高侨居使用率	・使用状况较差，不能对侨居本身进行很好的维护	
空置	・无人使用，有人维护	・有助于侨居的日常维护	・侨居本身的价值得不到发挥	103
空置荒废	・无人使用和维护； ・由于年久失修，墙体破裂、木楼板楼梯腐朽、门窗残破、装饰脱落褪色等	无	・侨居本身的价值得不到发挥； ・侨居破败荒废，得不到修复	163
拆除重建	・将原有的侨居完全拆除，并在基址上新建多层或高层住房	无	・侨居的历史价值消失殆尽	—

注：此表的数据来源于实地调研和广州市文物普查汇编，因调研中可能存在误差，因而侨居及其类型的数量可能存在误差。

第五章 广州近代乡村侨居保护及活化利用的制度体系的完善

针对第四章中提及的广州侨居活化利用存在的一系列问题可以借鉴国内外成功经验进行改善。首先在制度体系方面，西方在历史建筑保护方面已经形成了比较成熟完善的体系；其次珠三角地区的历史建筑保护与广州近代乡村侨居具有相似的地缘因素；开平碉楼作为非常著名的侨居形式，其保护活化经验也能够为广州近代侨居的保护及活化利用提供借鉴。

5.1 法规制度及实施方面

在法规制度及实施方面，要处理好保护和发展的关系需要完备的政策和法律体系，与此同时科学的保护理念和较高的历史建筑利用率也十分重要；资金标准方面需要合理的投入机制；在避免修复性破坏方面，既需要科学的分工及运作流程，也需要权威系统的研究和实用性强的指导手册。

5.1.1 完备的政策和法律体系

完备的政策和法律体系，使历史建筑保护实践有规可循有法可依，提高历史建筑保护实践的科学性和效率。

德国、英国、法国等国家已经形成了比较全面系统的保护及活化利用体系。德国历史文物建筑的保护利用发展至今，形成了完备的政策和法律体系、合理的投入机制、科学的保护理念、科学的分工及运作流程、专业权威系统的研究和实用性强的指导手册和较高的利用率等。本小节选取德国作为西方历史建筑保护的代表，并对其经验进行可借鉴性分析。

"德国，一般指1949年建立的联邦德国（西德）以及1990年通过东西德和平统一而建立的德意志联邦共和国。"❶ 德国历史文物建筑保护法规的完备体现在两方面，一是系统性，主要体现在政策法规的清晰合理的层级划分（表5-1），国家层面的法律主要作为纲领性文件保证了历史文物建筑保护在国家层面上的统一性，而由16个联邦州各自制定的法律则更具有实际指导作用，增加了历史文物建筑在实际保护过程中的灵活性；二是针对性，各州根据自身的情况，制定切合本州实际的法规政策，因而能够有针对性地对历史文物建筑进行保护管理。值得注意的是各州遗产保护相关法律虽然在内容上各不相同，但都遵守将遗产保护作为公共利益这一基本原则，都将注意力集中在本州的遗产保护上。"采用声明系统和决定系统两种遗

---

❶ 白瑞斯，王霄冰. 德国文化遗产保护的政策、理念与法规 [J]. 文化遗产，2013（3）：15-22.

产登录系统并行的形式，声明系统旨在为权力机关确定遗产的地位以及为公共部门发放建设许可证提供依据"❶，决定系统则从法律的强制性上确保历史文物建筑受到保护，1990年代德国东部提出的快速登录清单则最大限度地防止遗产在被认定之前遭到拆除。

广州近代乡村侨居保护方面的法规还不够完善，很多珍贵的历史建筑在被公示之前被所有者拆掉，笔者认为广州可根据自身的情况，制定符合地区特点的登录制度和快速登录清单，最大限度地保护历史文物建筑。

侨居的改造利用数量众多、工作烦琐、时间周期长，需要有针对性的、长期系统的保护规划制度和专门的组织机构作为保障。目前我国对于历史文物建筑保护和利用，多是根据具体的项目，将相关的部门、机构和专家等组织起来，形成临时的工作组，定期召开会议。部分广州近代乡村侨居被评定为文物建筑或历史建筑，主要由广州市文物局、广州市规划委员会等主导保护规划工作。《广州市第一批历史建筑保护规划》、《广州市第二、三批历史建筑保护规划》等对这部分侨居在保护规划时具有一定的指导作用。但大部分未被列入文物或历史建筑的侨居处于无部门管理、无制度遵循的状态。这方面，可以借鉴香港"活化历史建筑伙伴计划"，在成立相关机构时可参考其成立的市区重建局，其主要工作是帮助政府进行旧区活化。"已有社会人士建议广州成立专门机构"❷，而对于乡村的侨居等历史建筑迫切需要专门的部门开展保护利用工作；在制度方面可借鉴其"从整个香港历史建筑的宏观视角提出的一项成体系的保护体制，它有清晰的文物保护政策作为依据，获得了立法会拨款批准，并设立了专门的咨询委员会对相关工作进行咨询与监督"❸。

德国文物遗产在国家和联邦州层面的法律　　　　表5-1

德国文物遗产国家层面法律	德国文物遗产联邦州层面法律	
《保护文化遗产以防流失法》 《在武装冲突中保护文化遗产的法规》 《关于联邦法规中应顾及文物古迹保护的法规》 《文化遗产归还法》 《关于实施联合国教科文组织年月日发布的有关禁止和防止文化遗产的违法进口、出口和转让之措施的法规》 《关于保护文化遗产以防偷盗和违法出口的决议》 《关于德国境内由联合国教科文组织指定的世界遗产的决议》	巴登符腾堡：《遗产保护法》 巴伐利亚：《遗产保护和维护法》 柏林：《柏林地区遗产保护法》 勃兰登堡州：《勃兰登堡州遗产保护及维护法》 不莱梅：《遗产维护及保护法》 汉堡：《2013年4月5日遗产保护法》 黑森：《遗产保护法》 梅克伦堡－前波美拉尼亚：《州内遗产保护及维护法》	下萨克森：《下萨克森遗产保护法》 北莱茵－威斯特法伦：《北莱茵－威斯特法轮州遗产保护及维护法》 莱茵兰－普法尔茨：《遗产保护州法》 萨尔兰：《萨尔兰遗产保护法》 萨克森：《萨克森自由州遗产保护及维护法》 萨克森－安哈尔特：《萨克森－安哈特州遗产保护及维护法》 石勒苏益格－荷尔斯泰因《石勒苏益格－荷尔斯泰因州遗产保护法》 图林根：《遗产维护与保护法》

---

❶ 李育霖. 德国现代建筑遗产的保护理念与方法研究 [D]. 西安：西安建筑科技大学，2016.16.

❷ 周丽莎. 香港旧区活化的政策对广州旧城改造的启示 [J]. 现代城市研究，2009，24（2）：35-38.

❸ 王珺，周亚琦. 香港"活化历史建筑伙伴计划"及其启示 [J]. 规划师，2011，27（4）：73-76.

5.1.2 科学的保护理念及较高的历史建筑利用率

科学的保护理念有助于发挥历史建筑的价值，并实现历史建筑保护的长久性。

德国对于历史文物建筑保护的科学性主要体现在三方面，一是完整性，"德国联邦法律明确规定必须完整地保存古建筑的现状" ❶，其尊重历史文物建筑在历史上的形式、材料及其特殊意义等，并在保护利用的过程中，对这些因素进行保护或保留痕迹。二是发展性，不仅认为历史文物建筑是发展的产物，并且赋予历史建筑新的使用功能、新的空间布局等，从而保障了历史文物建筑能够真正随着时代的发展而发展。三是价值性，在尊重历史文物建筑原有的价值的前提下，赋予其新的时代价值，从而实现价值的延续，尤其是对于具有历史价值的民居室内居住环境进行改善，提高其舒适度，进而有更多的人愿意住在老房子里。

德国慕尼黑新市政厅（图5-1）充分地体现了科学保护理念。首先对建筑进行维护修缮进而更好地保护市政厅，体现了完整性原则；其次，将市政厅一楼的部分在不改变建筑形式的前提下，因其窗洞口高大且建筑周边人流量大，遂改造成商店和餐厅，满足广场周边居民及游客的购物餐饮需求，体现了其发展性并发挥了其价值。

图5-1　慕尼黑新市政厅一层商业现状
（图片来源：陈家明摄）

---

❶ 翟小昀. 借鉴国外经验研究探讨我国古建筑保护及维护[D]. 青岛：青岛理工大学，2013.13.

在德国，历史建筑的空置情况较少。首先，政府会通过政策促进历史文物建筑的使用，例如《收入税法》通过减税和优惠税率的方式，鼓励人们购买和维护具有保护价值的历史建筑。其次，历史建筑的利用也是多样化的，例如德国最古老的城市之一的罗滕堡（图5-2），并没有因为旅游业的繁荣和大量游客带来的住宿和餐饮需求而新建大量的新建筑，而是充分利用原有的历史建筑，将沿街的历史建筑改造成商店和餐厅，部分建筑改造成酒店，并且存在大量的 airbnb 类型的家庭型旅行房屋租赁形式，在提高历史建筑使用率的同时为历史建筑的所有者带来了经济收入。

图 5-2　罗滕堡历史街区商业现状
（图片来源：陈家明摄）

广州近代乡村侨居保护和利用方面，少部分的侨居形成旅游业，被打造成民宿、酒店、餐厅等，部分侨居用于自住和出租。但仍有大量的历史建筑处于空置荒废的状态，造成这一现象的原因笔者推测主要有两种，一是大部分老房子居住环境较差，导致出现村边建新住宅而荒废老房子的现象；二是村子及其周边就业机会少，大量村民进城工作，导致大量历史建筑空置；对于这一类侨居建筑，首先应提高其居住舒适度，让人们愿意在历史建筑中居住。其次是发展地区经济，增加工作岗位。

5.1.3　合理的投入机制

在历史文物建筑的保护和维护其正常运行方面，往往需要大量且长期的资金投入。因此建立一个合理的投入机制是非常迫切且重要的。在德国，虽然以各级政府的财政拨款作为历史文物建筑保护的主要资金来源，但是政府会带动慈善机构、社会团体和个人等形成多方合作的方式，通过减免税收、贷款、公用事业拨款、发行奖券等政策形成多形式、多渠道的资金筹措方式，进而充分调动各方面的力量。

广州近代乡村侨居的保护主要以政府为主导，从历史文物建筑的评定、保护和规划的制定及其实施、后期维护、资金提供等。虽然后期的维护也会有历史文物建筑的使用者参与进去，但目前，使用者的参与度较低。可借鉴德国的税收政策、贷款、发行奖券、与各组织团体及个人合作等方式，不仅增加了资金投入形式和渠道，而且提高了公众对保护历史文物建筑的意识和参与度。

对于侨居的维护和修复都需要大量的人力物力，面对当前资金投入不足的问题，各级政府应相应的加大资金投入，但是加大资金投入不是说要均等对待，这样反而不能使保护资金发挥充分的效果，要因需分配，要对侨居的现状进行详细的调查，在调查的基础上对侨居进行分类，划分侨居的保护等级，对不同等级进行区别对待，在对侨居进行分类的基础上，制定分层次的保护和修复规定及相应的资金投入。借鉴较成熟的案例，根据实际情况，有选择、有改良地借鉴。

5.1.4　科学的保护体系、分工及运作流程

在保护体系方面，笔者认为可借鉴开平碉楼和佛山历史名城规划以及广州华侨新村的保护经验。

罗婕在其硕士论文《民间力量参与历史建筑保护与活化的引导策略研究》中指出"对于历史建筑的管理，基本上还是以政府一元主导，涉及了从历史建筑的调查发现、评估认定、规划设计、修缮维护管理的全过程。专业的历史建筑保护机构、非政府组织这些在国外作为保护管理主体的机构，在广州基本仍处于空白状态。政府长期的强势地位，大包大揽，导致在历史建筑保护的责任认同上，普遍认为是政府的事。而随着历史建筑数量的扩大，保护任务的加重，政府在技术上和工作量上将无法胜任这样复杂的管理工作……多极管理模式容易导致各部门对历史建筑的管理责任分划不清的情况。"（图5-3）而广州近代乡村侨居量大面广，需要更加科学有效的调研及保护体系、分工和运作流程。

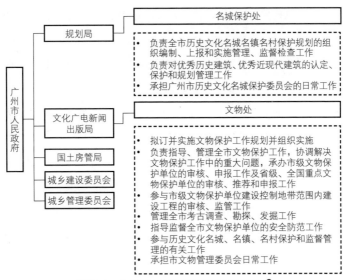

图 5-3　广州历史建筑保护行政组织架构❶

陈耀华等通过对开平碉楼保护经验的总结，提出"对于分散型村落遗产而言，应该建立遗产管理委员会等统一的管理机构并设立省、市（县）到各片区完整的遗产管理体系网络，以对遗产资源确实做到全方位的保护、全覆盖的监测和全地域的协调。"❷虽然广州近代乡村侨居不属于世界文化遗产，但广州乡村侨居也是分散型分布的方式，因此对其的管理可借鉴开平碉楼的经验建立统一的管理机构和管理体系网络。

周霞等通过对佛山市历史文化名城保护规划已取得的成果进行研究，指出其"制定了多项统一的技术标准……基于这些标准以及调研建立了历史文化资源库……进行了多项专题内容的文化绘图……为历史文化资源建立了预警系统……为便于与其他规划以及日常规划管理进行联接，规划中引入了 GIS。"❸佛山与广州同属于珠三角地区的经济发达城市，且都是岭南文化的发源地。但广州近代乡村侨居主要集中于乡村，而佛山历史文化名城主要关注于城市，因而对于其经验的借鉴应该是选择性的和因地制宜的。例如可借鉴其制定多项统一的技术标准并建立开放性的历史文化资源库；也可借鉴其绘制文化绘图和 GIS，

---

❶ 罗婕. 民间力量参与历史建筑保护与活化的引导策略研究 [D]. 广州：华南理工大学，2015.

❷ 陈耀华，杨柳，颜思琦. 分散型村落遗产的保护利用——以开平碉楼与村落为例 [J]. 地理研究，2013，32（2）：369-379.

❸ 周霞，冯江，吴庆洲. 经济发达地区城市历史文化资源的保护与利用——以佛山历史文化名城保护规划为例 [J]. 城市规划，2005（8）：93-96.

便于进行全面的整体性的研究；借鉴其建立红黄预警系统，有助于避免侨居遭到不可恢复的破坏。

德国历史建筑保护科学的分工保证了各部门、团体及个人有效的发挥其在历史文物建筑保护时的作用，科学的运作流程保证了实施过程的高效性和专业性。

科学的分工主要体现在："第一，由德国联邦政府派出专家团队将需要保护的古建筑记录在案；第二，专业团队对记录在案的古建筑做出详细的规划；第三，由政府部门、专家团队及建筑师商讨并制定保护的规范；第四，对这类古建筑进行全面的保护和维护。" ❶

在保护及使用流程方面，对于具有重大意义的历史建筑一般由政府设立的专门保护部门进行，对于一般性的历史建筑的维护，一般由历史建筑的所有者进行日常维护，当历史建筑所有者想要对历史建筑进行改造式，则需向政府部门进行申请，并根据专家的意见得到回复。

在保护工程方面，国内与德国最大的不同体现在工种上，正如魏闽在其《历史建筑保护和修复的全过程》中提到在德国的历史建筑保护和修复中，建筑师是从前期一直负责到项目结束，除了业主、建筑师及承包商参与，考古学家、历史建筑修复师等各方面相关的专业人员都要参与其中并发挥作用。❷ 广州近代乡村侨居融合了东西方的建筑形式，因而可根据其建筑特性，培养相应的"历史建筑修复师"。

在保护规划方面，可以借鉴广州市华侨新村的保护更新指导。袁媛等在《当代型历史文化保护区的保护与更新——以广州市华侨新村为例》一文中提到"广州华侨新村保护立足其民居自主更新模式和保护更新中存在的问题提出保护更新的重点，'建议采用居民选择＋技术决策'的保护要素选取方法，给公众充分理解和选择保护要素的机会，发掘其积极性；采用易于指导操作的'分要素分类'保护更新方法，通过独立的保护图则图示化，每幢建筑的每类保护要素的更新改造策略，便于使用者以单幢建筑／院落为单位分散的更新活动通过分类分要素的保护更新方法。" ❸

在此基础上，笔者根据对广州近代乡村侨居的文化因素及其特点，并结合《广州市历史建筑修缮利用规划指引（试行）》，建议将广州近代乡村侨居进行分类分要素进行保护，并形成表(表5-2)，主要是为没有得到相关规划指导的侨居在保护时提供一定程度的参考。

---

❶ 翟小昀. 借鉴国外经验研究探讨我国古建筑保护及维护 [D]. 青岛：青岛理工大学, 2013.
❷ 魏闽. 历史建筑保护和修复的全过程 [M]. 南京：东南大学出版社, 2011.
❸ 袁媛, 朱竑, 王玉. 当代型历史文化保护区的保护与更新——以广州市华侨新村为例 [J]. 建筑学报, 2010（6）: 28-31.

广州近代乡村侨居分类分要素保护表　　　　　　　　表 5-2

建筑保护类别	建筑保护元素	保护准则	轻微修缮（不改变原样）	非轻微修缮
细部装饰	木雕 砖雕 灰塑	不改变其材质、色彩、风格倾向等	原色粉刷 局部修补	外观改变 材料改变 色彩改变
外墙饰面	青砖 混凝土 麻石	不改变原墙体材料	外墙粉刷 外墙面修补 外墙墙体修补 外墙清洗外墙打磨	外观改变 材料改变 色彩改变
结构构造	空斗墙 马铁拉筋 青砖混凝土复合墙体	不改变原构造形式	局部修补 局部置换	材料改变 构造形式改变
民俗元素	门官 天官赐福等	不改变其原位置及形式	原色粉刷 局部修补	位置改变 色彩改变 外观改变
空间形式	柱廊 天井 屋顶露台 阳台 亭子	不改变原本的空间形式，不可拆除或改建	原色粉刷 局部修补 局部置换	外观改变 构造形式改变 材料改变 色彩改变
屋顶样式	平屋顶 坡屋顶 角楼	不改变原本屋顶样式	置换、修整屋顶铺地、瓦面 整修漏水部位	外观改变 构造形式改变 材料改变
局部构造	门楣 窗楣 山花 山墙 栏杆 枪眼式洞口	不改变原构造形式、色彩、材料等	原色粉刷 局部修补 局部置换	外观改变 构造形式改变 材料改变 色彩改变
楼地板、内墙、楼梯	楼地面 内墙 楼梯	不影响建筑的安全性	粉刷、贴砖、装修； 非承重内墙的增加或拆除 局部修补 局部置换	楼板、楼梯拆除或增加

注：笔者根据侨居调研情况及广州市历史建筑修缮咨询服务申请表整理。

5.1.5 专业权威系统的研究和实用性强的指导手册

西方在古建筑保护和利用方面不仅有大量优秀的实际项目，而且出版了大量专业系统的研究和实用性强的指导手册。以德国为例，在德国不仅存在大量的历史民居的保护和活化利用项目，而且专家学者在进行有关历史建筑的保护及活化利用方面学术研究，形成大量专业的学术成果的同时，也出版了一系列具有很强的实用性的指导类手册。这些手册大致可分为三类：一是总体索引类书籍，例如《Handbuch Denkmalschutz und Denkmalpflege》非常全面系统地介绍了德国历史建筑保护可能涉及的各个方面，例如法规、流程、预算、技术、合同等并提供相关索引，以便读者快速找到所需信息。二是具体的相关规范，如《Handbuch Umbau und Modernisierung》一书中详细分析了居住建筑改造和现代化中的相关规范、基本知识、物理和结构方面的标准，并用大量的实例向人们介绍改造的各种措施及其所涉及的技术手段。三是具有实践参考性的各种案例介绍类书籍，如《Die besten Einfamilienhäuser 2007 - Umbau statt Neubau》等，详细地介绍了各个案例项目所采用的改扩建手法、原因及费用等，为使用者提供了众多改扩建民居的参考。这些书籍都是建立在作者对历史民居建筑的深入了解和实践上的。

目前我国对于重要文物建筑和各地区民居建筑的研究成果丰富，学术性较强。但缺少对历史文物建筑所有者对建筑进行改造利用的指导手册或相关案例介绍。在这种情况下，一方面，历史建筑所有者缺乏相关的知识技能指导，很难对历史建筑进行改造，提高居住空间的舒适度；另一方面，由于缺乏相关知识技能指导，部分历史建筑所有者在建筑改造利用时，采用了不科学的方式，对历史建筑造成了不可恢复性的破坏。因而在我国专业系统的研究和实用性强的指导手册的需求是十分迫切的，这些研究不仅有助于指导普通大众保护历史文物建筑，也有助于历史文物建筑被更加科学合理地利用。

对于侨居的保护急需政府部门成立专门全面的机构，配备专业的工作人员进行规划、调查、研究、评定、管理协调、实施和修缮等工作，相关的部分要切实发挥其作用。

目前，对于广州侨居的调查还停留在对部分侨居进行文物建筑和历史建筑的评定的层次上。而要更好地开展侨居的保护及活化利用工作，则应对广州乡村侨居进行全面的普查工作，普查总工作应该对广州侨居的分布、现状、类型、装饰、结构、材料等进行更加深入的调研，并汇总成系统化的文献资料，这对于接下来对侨居的保护和研究及修复都有非常重要的意义。

5.2 根据法规制度及侨居现状对侨居的保护等级进行分级划分

常青教授在《历史空间的未来——新型城镇化中的风土建筑谱系认知》提出"风土建筑的前途有4种模式，即标本保存的、活化再生的、新旧共生的和再造重塑的。"第一种是将古建筑作为文物进行整体保护；第二、第三种是考虑将历史建筑的历史与文化与现代生活相结合；第四种是根据历史建筑的历史与文化进行仿古建造并打造成旅游景区等。与常青教授说提出的四类划分不同的是，笔者在调研中还没有发现需要进行仿古新造并打造成观光景区的侨居及侨居聚落。因而对广州的乡村侨居主要可以划分为三类，一是需要原真性保护的标本保护类；二是根据需求进行适当改造的活化再生类；三是在保留的基础上进行新建的新旧共生类型。

值得注意的是本书第三章对广州近代侨居的建筑形式进行了分类，这五种侨居类型，每一种类型都有一栋或几栋代表性建筑，这些代表建筑具有较高的历史文化价值以及研究价值，因而在对其进行保护和利用时，可适当做针对性的规划。

5.2.1 博物馆式保护

博物馆式保护，即冻结式保护，是指将建筑进行复原与修复。例如中国的故宫和德国的天鹅堡等。值得注意的是，此处的冻结式保护，不是将其原样修复以后，空置起来，而是将其原有功能也保存下来，作为供人参观、学习和观光旅游的重要设施。例如欧洲的众多教堂，虽成为旅游景点之一，但仍旧作为宗教建筑被使用。

这种方式比较适合重要的文物建筑，其优点是能够有效地保护建筑本身及其使用功能的原真性。但需要注意的是，这种形式在资金的投入上一般比较大，且是原样保护，对于建筑形式、装饰工艺以及建筑材料等原真性要求的很高，不仅需要专业的人员进行保护和修复，而且在修复时要对其工艺进行追根溯源，切不可随意修改。往往要求建筑原有的功能形式仍然能够被适用或具有一定的文化学习价值，故适合采用此种保护方式的建筑较少。

根据调研，广州市乡村侨居中，尚未发现国家级的文物建筑，因而对于广州市乡村侨居的保护形式，往往不需要采用博物馆式的保护方式。

5.2.2 活化再生类

转化思想，侨居保护与村落发展作为一个整体考虑，同步进行，进而打破保护与发展相互矛盾的局面。文物建筑一般要遵循"不改变文物原状"的原则，而历史建筑的保护更加注重历史风貌和价值要素的保护。根据具体情况，具体分析适合历史建筑的活化利用方式，在保留其历史文化价值的同时，发挥建筑的使用价值。其优点是能够将历史建筑的价值最大化，避免建筑的空置，也便于对于建筑的日常维护。但需要注意，对于建筑的活化利用要适当，利用的前提是保护，避免出现违规改造和不可恢复的破坏。

根据调研，广州市的乡村侨居中，部分被评为市级或区级的文物建筑，部分被评为市级的历史建筑，部分侨居建筑虽尚未被评为文物建筑或历史建筑但其自身比较有特色。这些侨居比较适合根据其自身的特性和所在的周边环境进行适当改造的活化利用。可根据屋主提供的改造方案，政府根据相关标准提供一定程度的资金支持，并由相关的专业人员可提供一定的技术指导。这一点可参考广州市颁布的"第一、二、三批历史建筑保护规划"中的做法，规定必须保留的建筑元素。

5.2.3 新旧共生类型

新旧共生是指在保留原有建筑的基础上，根据需求对建筑进行改扩建，或在原有建筑周边新建建筑。这种方式一般适用于历史文化价值较低的建筑，其优点是能够更加灵活地满足人们的使用需求，但需要注意的是在侨居周边新建建筑，为了尽可能地保护侨居及其周边的环境，相关的专业人员应对侨居周边的建筑形式以及新建建筑与侨居之间的距离等进行一定程度的规划，并对其进行指导和监督。

根据调研，广州市乡村存在大量的尚未被评定为文物建筑和历史建筑的侨居，其本身往往已不能满足现代人的生活居住需求。笔者建议可以根据使用需求进行改扩建，值得注意的是侨居往往不存在加建的情况，而是在其周边要新建其他民居。此外，侨居往往选用青砖或者是混凝土作为主要的建造材料，而现在一般为瓷砖贴面的多层建筑，那么周边的新建建筑如何与之取得协调呢？这就要求专业人员在规划和指导周边新建建筑时，对侨居的建筑形式及其周边环境进行分析，选择适宜的建筑形式。

侨居保护分类及保护指导 表 5-3

保护利用类型	适宜类型	保护指导规范
博物馆式保护	国家级文物侨居	按文物建筑保护利用的规定，对每一栋建筑制定相关的原真性保护方案
活化再生类	省市区级文物、历史侨居、具有代表性的侨居	对每一栋建筑制定相关的保护方案具有代表性的侨居应尽快对其进行评定
新旧共生	历史文化价值较低的侨居	制定专业的广州近代乡村侨居分类分要素保护表，在此基础上进行改建扩建

5.3 活化再生类侨居的活化利用的方式

根据对广州重点侨乡的近代侨居中的近三百栋侨居的使用现状的实地调研，笔者发现空置情况严重，所调研侨居的空置荒废率高达90%。因而对于侨居进行活化利用的探讨有助于侨居的改造利用，具有很重要的实践意义。美国景观大师劳伦斯·哈普林提出："不同于保存或修复……再循环是功能的改变,是将其内部组成再重新调整并继续使用"❶。"澳大利亚《巴拉宪章》把'改造再利用'定义为对某一场所进行调整使其容纳新的功能。"❷对于侨居的改造利用,应根据其具体情况,对其进行调整,以便容纳新的功能,从而提高侨居的利用率。但值得注意的是,对于侨居的改造利用,需要适合的组织机构和制度作为保障,可参考借鉴香港的"伙伴计划"组建相关的机构和制定相关的制度。

侨居的原屋主大部分侨居国外,空置的原因主要分为两种,一是部分屋主不愿侨居被作为他用,这种情况下,部分侨居由屋主在国内的亲属代为管理,保存较好,部分侨居无人维护,逐渐荒废;二是部分侨居处于经济不太发达的村落,出租和商用的可能性较低。如何对侨居进行定位和适当的活化利用,进而使其顺应和促进村落的发展,发挥其经济价值,要具体问题具体分析,根据侨居的自身及周边情况对其进行合理的保护及活化利用。可以根据其所在的社会环境,进行商业改造,例如在一些旅游村落或者是外来人口较多的村落,将侨居改造成比较有特色的餐厅、民宿、工艺品店等。这样侨居不仅得到了良好的使用,并带来经济价值,而且由于有人使用,能够在一定程度上提高对侨居的保护和维护。根据其所在位置发挥其社会价值,当侨居位于村落的活动比较聚集的位置时,可以将侨居改造成供村民娱乐休闲的场所,或者是将其打造成侨居文化和村落文化的展览馆,进而为传统风俗的传承和发扬提供更多的可能性。

在对侨居进行改造利用时,应尊重侨居原本的建筑形式、风格和细部等。我国是外源的现代化国家,本土的建筑风格与外来的现代文化差别迥异,虽然部分侨居结合了西方的建筑形式和装饰,但仍与现代化的设备和材料存在明显差别,例如铝合金门窗、空调等往往会破坏侨居建筑的整体建筑韵味。这就要求在改造利用时,尽量采用与侨居相协调的装饰,并对部分影响侨居面貌的因素进行隐藏或修饰。下面,将根据具体情况,对侨居活化利用的可能方式进行讨论。

5.3.1 改造为博物馆、展览馆等

对于已经失去其原有的建筑功能的历史文物建筑,将其改造成博物馆或展览馆,是比较常见的利用手法,但一般适合于规模较大的历史文物建筑,例如我国的故宫、巴黎的卢浮宫等。而居住类的历史建筑一般为名人故居等作为名人生前各种事迹的展览,例如莫扎

---

❶ 林云龙,杨百东. 景园大师,劳伦斯·哈普林[M]. 尚林出版社,1984.
❷ 闫立惠. 杭州市中心城区历史建筑功能置换研究[D]. 杭州:浙江大学,2011.

特故居、凡·高故居等。但广州乡村侨居的屋主名人较少，故将其改造成名人故居的可行性较小。

在调研中，笔者发现坑口村由侨居改造成的秘鲁华侨博物馆（图5-4），该博物馆由秘鲁华侨自行设立，整栋侨居维护良好，曲线窗楣的灰塑造型精致，具有很高的审美价值，大门处腰门上的木雕非常的精美典雅。这样的改造不仅保护了侨居建筑，而且宣传了华侨文化。因而可选取村内比较有特色的侨居，将其改造成博物馆，且侨居本身也是博物馆展览的一部分。

图 5-4　华侨博物馆
（图片来源：自摄自绘）

5.3.2　作为旅游景点并兼具住宿、纪念品店、餐饮等功能

打造成旅游景点是很多历史文物建筑利用的方式，并在作为景点的同时兼具住宿、纪念品店、餐饮等功能。例如花都区花山镇洛场村的花山小镇（图5-5a），被打造成旅游景点并兼具餐饮、纪念品店等商业功能。不仅提高了侨居的利用率，而且能够对侨居进行日常的维护。这种利用形式主要适用于规模较大、建筑风格较独特的侨居及侨居片区。增城

区的塘美村现存侨居约 100 栋和黄沙头村现存侨居约 50 栋,侨居数量较大,且部分侨居(图 5-5b)为小洋楼或三间两廊与小洋楼相结合的形式具有较高的审美价值。具有进行商业及旅游改造利用的可能性。但需要注意的是,"历史文化遗产通过旅游的确达成了部分价值分享与传承,应正确看待保护与开发之间的主次关系,不应将开发旅游业作为保护的第一动机" ❶。

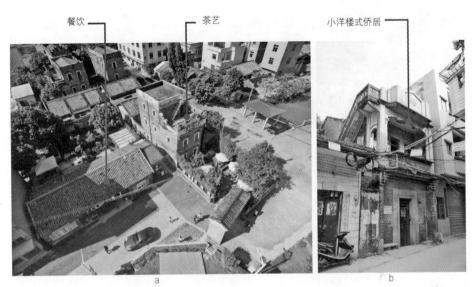

图 5-5　a 洛场村商业改造；b 小洋楼式侨居

(图片来源：自摄自绘)

在保护尊重历史文物建筑并对其有效利用方面,德国慕尼黑新市政厅的利用方式值得借鉴。位于德国慕尼黑玛丽安广场的新市政厅(图 5-6)为精美的哥特式建筑,不仅布局恢宏,而且每天有全德国最大的木偶大钟演出,吸引了大量的游客。根据需求,市政厅的一楼被改造成商店和餐厅。一楼原本的大玻璃窗正好满足商店的橱窗,整个一层以最小的改变满足了游客休闲购物等的需求,并且提高了整体的使用价值。

5.3.3　对外出租居住

在调研的侨居中,用于居住的侨居占调研侨居的 4%。一方面,大部分空置的侨居的

---

❶　朱明政. 古建筑改造和保护 [D]. 天津：天津美术学院,2008.

图 5-6 慕尼黑新市政厅
(图片来源:自摄自绘)

居住环境已不能满足现代人对于居住的需求,可以通过提高居住环境的舒适度来提高侨居出租的可能性;另一方面,制定相关的激励政策,提高屋主对侨居利用的积极性。侨居原本就是用来居住的,因此大部分的侨居的活化利用形式都有可能通过改造来满足现代化的居住需求。

5.3.4　改造成公共活动场所,丰富村民活动

将侨居改造成供村民使用的公共活动场所,不仅为村民活动提供场地,也发挥了侨居的使用价值。但值得注意的是,部分侨居室内光线不足,通风较差,在将其改造成村民活动场所时,应改善其使用舒适度。例如调研中笔者发现白云区太和镇的南村村,城镇化非常的迅速,村中的南村公园为村民提供了休闲娱乐的场所。在南村公园周边分布着数量较大的当地传统民居和侨居等历史建筑,在调研时我们发现有几栋历史建筑(图 5-7a)用于为村民提供公共服务,但是其大门是紧闭着的,通过墙上的窗子向内看,里面光线不足,且室内脏乱,并不适合供村民休闲娱乐使用。对于这样的侨居,在使用时,首先要保证建筑的安全性,其次可以对室内进行一定程度的修缮,尤其是采光方面,环境舒适了,越来越多的人们会在此处聊天交流,促进村民的文化活动。这方面,可以借鉴美国某黑人社区的改造。这个黑人社区原本犯罪率较高、人口外流,导致很多房屋荒废,设计师们将位于市中心的颓败多年的银行改造成图书馆、电影院及展览厅,为社区里的居民提供文化生活

场所和交流场所及艺术展示的空间。将荒废的房子根据艺术家的需求改造成艺术家的工作室（图5-7b），这样在一定程度上恢复了房子的使用价值。值得注意的是，街区内的无业者被提供免费的技术培训，对街区内破败的建筑的材料进行艺术加工，这样不仅实现了建筑材料的合理利用，使居民掌握了一技之长，并且为街区居民带来了收入，通过不断的良性循环让街区变得稍有秩序。

图5-7　a 白云区太和镇南村村；b 美国黑人社区改造

（图片来源：a：自摄自绘；b：https://en.wikipedia.org/w/index.php?title=Project_Row_Houses&action=edit）

5.4　本章小结

通过对国内外一些历史文物建筑保护利用现状的分析，广州近代乡村侨居的保护和利用可从多个方面借鉴：在法规方面增设具有本国本地区特色的登录制度；在投入机制方面通过政策、活动等扩宽投入来源；在保护理念方面，尊重历史建筑价值及提高其使用率；在保护体系和工程方面，首先形成全面系统的管理体系、技术标准和预警系统，其次逐步培养"历史建筑修复师"；在普及专业指导方面，为大众提供权威专业的保护利用手册及相关案例介绍。

侨居的保护主要可分为三种级别，第一级别是原样保护，这种情况适用于国家级、省级文物保护单位或者是特别具有代表性的侨居；第二级别是根据需求进行适当改造的活化再生类，适用于一般的被评定为历史建筑的侨居或者是普通侨居；第三级别是在保留的基础上进行新建的新旧共生类型。

对于广州近代乡村侨居空置问题严重的情况，为更好地对其进行保护和利用，可根据侨居具体情况，从作为博物馆展览馆、旅游景点商业、出租居住和改造成市民活动场所等四个主要方面考虑侨居活化利用的可能性。

第六章 广州近代乡村侨居保护及活化利用的实践指导的完善

如第四章所述，侨居的居住物理环境问题是侨居在保护及活化利用实践中需要解决的主要问题，本章以侨居的居住物理环境为例，着重于对广州乡村侨居现状进行分析，并结合国内外的相关案例，探讨改善侨居居住空间舒适度的改造方面的可行性方法，并结合花都区花山镇两龙村学能楼的情况进行改造示意（图6-1）。

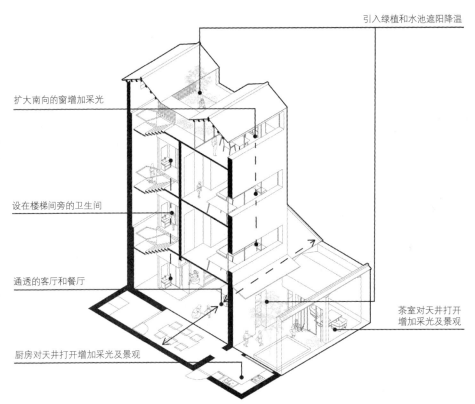

图6-1 学能楼改善侨居居住空间采光通风、景观、功能布局示意图
（图片来源：自绘）

广州乡村侨居在改善居住空间舒适度的改造方面，还没有详细的研究和系统的指导手册或案例参考。部分侨居虽被列为文物单位或历史建筑，并颁布了相关的保护规划，但着眼点在于保护的规范化，缺乏对居住空间舒适度改善方面的规范和指导。

6.1 广州近代乡村侨居舒适度的现状及问题

6.1.1 广州近代乡村侨居居住空间舒适度现状与相关标准之间的差距

本节结合世界卫生组织公布的健康住宅的标准、国内居住建筑的相关标准、夏热冬暖地区人体对湿热的感知程度及侨居的具体情况，提取出影响居住舒适度的七项主要指标，即温度、湿度、日照、私密性、设备、功能布局及建筑环境，并将侨居的现状与指标进行对比，发现侨居主要存在夏季闷热，冬季湿寒，室内光线昏暗，缺少完善的给排水、采暖降温、换气等设备，缺少卫生间、厨房等功能空间，建筑环境差等问题。通过对现状和产生原因的分析，笔者提炼出与问题相关的因素（表6-1），供下文的改造措施提供参照。

广州近代乡村侨居居住现状及问题　　　　　　　　　　　　　　表6-1

影响因素	枪眼式洞口	铁枝窗	普通窗	屋顶洞口	楼板及楼板洞口	内部墙体	外部墙体	天井
现状	狭长型，洞口小，无窗	铁枝防护，一般为固定窗	一般为木或铁窗框	一般为玻璃采光瓦	一般为木楼板，较薄；洞口一般为直接挖洞	内部墙较薄，一般为120mm，隔声效果差	部分为中空墙体，部分为实心墙体	四面围合
采光改善	采用透光性能良好的玻璃窗	采用透光性能良好的玻璃窗	采用透光性能良好的玻璃窗	采用透光性能良好的玻璃瓦	根据采光需求和光照情况，选择洞口位置和大小	减少墙体阻隔；选择浅色反光性好的墙体材料	根据需求改变窗洞口尺度；根据需求增设窗洞口	扩大看对天井的门窗尺度
通风改善	可开启的窗	可开启的窗	可开启的窗	可开启的窗，形成风坡	根据通风需求和通风情况，选择洞口位置和大小，形成风坡；可开启的洞口窗	减少内部墙体对风的阻隔；在墙体上开洞，形成穿堂风	根据需求改变窗洞口尺度；根据需求增设窗洞口	扩大正对天井的门窗尺度
保温隔热	选择保温性能良好的窗户	选择保温性能良好的窗户；增加遮阳设施	选择保温性能良好的窗户；增加遮阳设施	选择保温性能良好的窗户	根据需求增设保温层；选择保温性能好的洞口窗	根据需求增设保温层	根据需求增设保温层	进行绿化设计，形成局部微气候
隔声	选择隔声性能良好的窗户	选择隔声性能良好的窗户	选择隔声性能良好的窗户	选择隔声性能良好的窗户	增设隔声层；选择隔声性能好的洞口窗	加厚墙体或增设隔声层	—	—

值得注意的是，华南理工大学的孟庆林、张宇峰、金玲等对夏热冬暖地区乡村住宅方面的研究，例如《粤东农村住宅室内热环境及热舒适现场研究》、《夏热冬暖地区代表性城

市与农村居住建筑热环境设计与计算指标》等调查研究了潮汕农村传统住宅室内热环境和居住者的感受，因广州与潮汕为同一气候类型，且广州乡村侨居与潮汕乡村传统爬狮住宅在建筑形式、布局和室内环境方面有很多的共同性，因该研究中关于乡村民居室内温度和湿度方面的调研数据可供本书研究参照。

根据表6-1所列情况，本章将对具体情况和具体改善措施分为三类进行分析：第一类是采用被动措施调节乡村侨居室内通风、采光、保温隔热及隔声；第二类是主动措施即增加建筑设备和完善居住功能改善乡村侨居室内环境；第三类是居住环境的维护装修。

6.1.2 与侨居居住空间舒适度差相关的因素

根据表6-1可知，侨居居住空间主要的问题分为三个方面，一方面是采光、温度、湿度等方面的问题，这方面影响人体的热舒适度和光舒适度的感受；另一方面是缺乏必要的建筑设备的问题，这方面会影响居住者生活的方便性；最后是建筑空间功能布局的问题，这方面会影响居住者对于一些居住空间的需求。

6.2 被动措施

根据对侨居现状的调研，提取出门窗楼板屋顶洞口、墙体和天井和绿植等四个要素，下面将对这四个要素进行详细分析，探讨对其的改进措施（表6-2）。

6.2.1 洞口

门、窗、屋顶、楼板洞口（下面简称洞口）的尺寸、形式和位置影响建筑的被动通风、采光和除湿。洞口的物理性能影响建筑的保温隔热和隔声。

（1）洞口现状

尺寸上分为狭长的枪眼式窗洞，只用一块玻璃镶嵌的固定窗，可以平开的普通窗，小块的玻璃采光瓦，一平方米见方的楼板采光洞口；数量上，大部分侨居建筑首层窗少，其他层较首层略多；位置上，首层一般在墙上开高侧窗，其他层一般在南向和东西向，北向极少开窗；物理性能上，直接开敞的窗洞或楼板洞，单层无框玻璃，木框玻璃窗，单层采光瓦。

被动措施改善侨居居住环境的8个因素（表格来源：自制）

表6-2

项目	物理性能：采光、通风、除湿、隔声				设备和功能		居住环境
	温度	湿度	日照	私密性	设备	功能布局	居住环境
标准	17～27℃	40%～70%	≥3小时（卧室、起居室、客厅等）	足够的人均建筑面积和私密性	通风换气，给水排水，电器设备等	满足使用需求的功能空间	居住环境
侨居现状及问题	•夏季闷热，温湿感：27～35℃；•过渡季节较舒适，温度范围：24～27℃；•冬季湿寒，温度范围：13～19℃	•夏季平均相对湿度：76%，增加闷热感；•过渡季平均相对湿度：88%；•冬季平均相对湿度：82%，增加湿寒感；•湿度过大造成建筑材料变质，并由此衍生有害物质	•大部分空间采光量小；•室内光线昏暗	•内部声音的私密性较差	•缺少换气设备；•缺少采暖降温设备；•缺少方便远距的给水排水设备	•部分厨房和卫生间；•部分厨卫生间状况差	•部分楼梯、楼板、屋顶、墙体、装饰等破损；•缺少绿化景观
问题产生的原因	•缺乏取暖设备；•缺乏降温、遮阳措施；•门窗产生冷热桥等；•部分墙体保温性能较差	•通风差；•影响调湿；•缺乏除湿设备	•窗洞口小，且数量少；•内部封闭、阻断多，影响室内的间接采光	•内部墙体薄，•内部墙体隔声性能差	•建造年代久远，设施简陋老旧；•农村缺少完善的给水排水系统	•建造之初没有设置卫生间；•建造之初为老式灶台厨房	•建造时间较长；•年久失修；•缺乏相关的技术指导
与问题相关的因素	•取暖设施和降温设备；•遮阳设施和窗洞口的热工性能；•改善墙体热工性能	•通风；•除湿设备	•窗口大小；•窗口数量；•内部空间的通透性；•内部墙体对光的反射性能	•墙体厚度；•墙体隔声层	•换气设备；•采暖降温设备；•方便温冷的给水排水设备；•电路管线	•厨房空间；•卫生间	•楼梯、楼板、屋顶、装饰；•绿化景观

（2）存在的问题

大部分侨居的窗洞口数量少和尺寸小影响采光和通风的效果，北向不开窗，影响了穿堂风的形成。

侨居的屋顶采光多采用局部小面积铺设采光瓦的形式（图6-2a），这种采光瓦一般为固定的不可开启，不能促进通风，尺寸小、采光效果不够理想，单层保温隔热效果较差。

有些侨居，会通过将阁楼楼板挖洞的形式为下层（一般为首层）提供间接或直接光照。例如两龙村的学能楼（图6-2b、图6-2c），阳光通过屋顶采光瓦照进阁楼，再通过阁楼的楼板洞口照进首层，风也可以通过阁楼洞口和屋顶洞口进行流动，进而改善首层的光照和通风，但楼板和屋顶洞口处的保温隔热效果差。

侨居的窗洞框一般由条形石板构成，相较于青砖，石板更容易形成冷热桥，其次侨居一般采用单层的木窗，玻璃也是单层的，热工性能较差。值得注意的是，部分侨居因具有较强的防御性，在外墙上开设了内外通透的枪眼式狭长洞口，这种枪眼式洞口降低了墙体的保温隔热性能。

图6-2　a屋顶明瓦；b阁楼楼板开洞；c屋顶采光

（图片来源：自摄）

（3）改善措施

根据采光和通风需求，建议增加窗的数量和增大尺寸（图6-1），将屋顶的玻璃采光瓦换成玻璃窗（图6-3a），并根据情况将窗换成可开启的形式。

根据上文对窗洞口形式的分析可知，侨居的窗洞口热工性能差，容易形成冷热桥，需要对其进行改善。首先，为无窗的洞口或窗户残破不能使用的窗口安装热工性能良好的窗户；其次，对于还能使用的旧窗，因侨居多建造于20世纪20年代初且吸收采用了外来的建筑形式和材料，其窗户的形式和材料与欧洲一些历史建筑的窗户形式和材料类似，欧洲常见的改善窗户的热工性能的措施主要分为三种：第一种是将原本的单层玻璃改为双层玻璃（图6-3b），这种形式一般适用于原有窗户破损严重，很难修复再用，只能采用新的热工性能好的双层玻璃窗；第二种是紧贴原有的窗户增设一层（图6-3c），这种处理形式，不但在外部保留了窗户的原本风貌，改善了窗户的热工性能，而且对于窗框的宽窄没有限制，普适性强；第三种是与原有窗户间隔一段距离，增设一层新窗户（图6-3d），这种形式也在外部保留了窗户的原本风貌，改善了窗户的热工性能，但需要窗框有一定的宽度。

针对侨居窗洞口的这种情况，应该对窗洞口进行特殊的保温隔热处理，防止产生冷热桥。

图6-3 洞窗形式

a 可开启屋顶窗扇；b 双层玻璃；c 紧贴在一起的双层窗户；d 中间有空隙的双层窗户❶；e 铝合金窗

（图片来源：a.b.c.e 自摄）

---

❶ Martin D J, Krautzberger M, Denkmalpflege/-schutz. Handbuch Denkmalschutz und Denkmalpflege[M]. Beck Juristischer Verlag, 2010.

（4）注意事项

庐式侨居一般各层四面开大窗，采光通风效果较好。

在调研的过程中，几乎没有发现改变原有窗洞口的案例，因为原有窗洞口往往采用花岗岩石板过梁做支撑结构，如果改变窗洞口需要对其结构受力进行分析，然后根据情况调整。

在屋顶洞口方面，国外的一些民居改造项目常见在坡屋顶的阁楼处增设老虎窗，这是因为老虎窗在欧洲是常见的建筑元素，而中国南方则少有此建筑元素，对于侨居坡屋顶采光通风方面的改造，一般建议选用采光窗或采光瓦。

在调研的过程中，笔者发现对于窗户的处理方式，一般为改用铝合金窗户（图6-3e）。铝合金窗户的密闭性和耐久性能都比较好，无论是推拉式还是平开式的都方便通风。但是银白色的铝合金窗户与原有侨居在风格上显得很突兀。这种突兀感主要是来自铝合金这种材料，而原有的侨居窗户多是无窗框或木窗框多。笔者建议，在原有窗户还能继续使用的情况下，可以采用上文提到的保留原窗户，增加新窗户的双层窗形式，或者是用于居住的侨居在不影响其资金投入的情况下选用铝合金窗框时考虑一下颜色，例如可以选用仿木材质的铝合金窗框。

6.2.2 墙体、楼板和屋顶

（1）现状及存在的问题

广州传统民居墙体一般为生土墙、青砖墙、石墙或者这几种材料的结合。与此不同的是，侨居是由华侨出资建造，整体建筑材料质量较好，墙体的主要形式是青砖实心墙和青砖空心墙，部分结合钢筋、水泥、花岗岩等石材构成。根据高云飞的博士论文《岭南传统村落微气候环境研究》中的夏季实验数据可知，侨居的青砖实心墙和青砖空心墙都能符合《民用建筑热工规范》中维护结构保温隔热的规定，但侨居室内夏季湿热，冬季湿冷，往往需要使用空调等，因而提高墙体的热工性能，有助于节能环保。目前，常见的传统民居墙体处理方式主要分为两种，一种是在实心墙体内侧增设保温层，一种是改变空心墙体内的保温隔热填充材料，进而提高其保温隔热性能。但侨居的墙体质量好，大部分保存完好，选择在原有墙体的内侧增设保温层的方式比较合理。

部分侨居建筑内的空间墙体隔断较多，影响光线在室内的传播以及通风。侨居的外墙一般较厚，而内墙较薄（图6-4），一般为120mm，保温和隔声效果较差。楼板一般为木楼板，屋顶一般无保温层，保温效果差。

（2）改善措施

采光方面：可根据具体情况，减少侨居室内的墙体（图6-1）或楼板，以便形成通透的空间，促进采光和通风，并采用浅色涂料等装饰墙体和楼板，增加光在房间内的反射。图6-5中的建筑位于德国柏林，为联排式住宅的一部分。外部保留其原有的建筑样式，只是对其进行了重新的粉刷；而建筑内部则根据使用需求和改善内部采光，将原有的内部隔墙进行了拆除，并将原本的黑色墙体涂成白色，形成了通透明亮的室内空间，中间的壁炉被保存下来，形成历史印记。

改善保温隔热及隔声方面：对于内部厚度较薄的墙体可根据需求增设保温层、隔声层加厚墙体。侨居一般为木楼板，部分较薄，结构及热工性能较差，因而可以采用在木楼板上现浇混凝土楼板的构造形式。例如张雷联合建筑事务所的云夕戴家山乡土艺术酒店畲族民宅改造项目（图6-6）中，设计保留原始木梁和木楼板，在其上现浇混凝土楼板。从而在保留传统木梁和木楼板的外观的情况下改善楼板性能高，增加使用舒适度和安全性。

  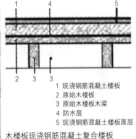

图6-4 侨居内墙　　　　图6-5 墙体涂白并拆除部分墙体❶　　　图6-6 木楼板加固构造❷
（图片来源：自摄）

6.2.3 天井

天井本身形成的阴影和通风形式有助于周边房间的通风降温，此外根据金玲在《粤东农村住宅室内热环境及热舒适现场研究》中指出"从热舒适度和节能的角度出发，灰空间

---

❶ Bettina Hintze, Amandus Sattler. Die besten Einfamilienhäuser 2007 - Umbau statt Neubau[M]. Callwey Verlag, 2007.

❷ 王铠，张雷. 当代乡土——云夕戴家山乡土艺术酒店畲族民宅改造[J]. 建筑学报，2016（3）：46-47.

更有利于延续农村人口的热适应性"❶。因而充分利用天井的优势，可改善建筑的通风采光，如对天井进行景观设计，引入水和绿植，形成局部微气候等（图6-1）。

6.2.4 景观绿化和热环境的改善

与传统民居不同的是，部分侨居除了有天井之外，主体建筑周边有面积不等的空间可以作为庭院。这些空间为对侨居进行合理的景观设计及绿化提供了可能性。

对侨居进行绿化不仅可以美化空间，而且有助于在夏季为侨居提供遮阳。杨士弘对广州市绿化树木进行研究，"发现小片绿化树木能减弱太阳总辐射88%～94%，只有6%～12%通过树冠到达树下"❷。林波荣通过大量的模拟实验证实"树木主要通过遮阳影响周围热环境，枝叶繁茂的树冠的遮阳作用非常明显，阳光透过率不足15%"❸。

首先，在侨居的西墙附近种植枝叶繁茂的乔木可以有效降低西晒；其次，如侨居周边空地较大，可对其周边进行景观绿化设计形成庭院进而改善局部微气候；天井是侨居中进行热压通风的主要部位，在天井布置小面积的水体或小型乔木灌木（图6-1），能够降低天井底部的温度，通过增大天井上下的温度差增大通风。

6.3 主动措施

6.3.1 增设给排水系统

侨居在建造之初，饮用和生活用水一般都是取自院子中的水井，生活废水一般排入建筑周边的人造排水明渠（图6-7）或倒入河中。在调研中笔者了解到，广州的乡村一般由自来水公司供水，居民可以根据自身需要用管线将自来水公司的水引入自家使用，根据用水量付费。但是对于排水还没有方便卫生的解决办法。一般的生活洗涤用水如果有明渠，则通过明渠排除，最后流入河中。而侨居周边的部分排水明渠存在垃圾淤塞的情况。大部分厕所虽然采用了现代式的冲水马桶的形式，但排水及污水处理方面存在卫生隐患，且不便于使用。

---

❶ 金玲, 孟庆林, 赵立华, 等. 粤东农村住宅室内热环境及热舒适现场研究 [J]. 土木建筑与环境工程, 2013, 35 (2): 105-112.

❷ 杨士弘, 王绍仪. 广州城市绿化的环境作用 [J]. 热带地理, 1989, 9 (9卷第2): 134-142.

❸ 林波荣. 绿化对室外热环境影响的研究 [D]. 北京: 清华大学, 2004.

在排水方面，笔者建议首先增设污水净化装置，梁祝、倪晋仁在《农村生活污水处理技术与政策选择》中提出"密集型的农村地区，高效强化的微动力生态处理集成技术与设备具有极大的技术经济优越性；其他集中供水的广大农村地区，则可根据其社会经济发展状况和水环境保护目标的要求，通过改造农村的河道、水塘和湿地，构建适度强化的无动力复合生态处理集成系统。"❶因而，侨乡村落在污水处理方面，可根据村落的经济发展状况和布局形式选择合适的方式。其次可根据具体情况，对侨居周边的排水明渠进行清理，将净化后的污水排入明

图 6-7　明渠排水
（图片来源：自摄）

渠，这样不仅可以调节局部的微气候，而且也在一定程度上还原了侨居在建造之初明渠排水的生活场景。如果现有的明渠不能满足排水的需求，则可根据情况选择其他更加合理的排水方式。

6.3.2　增设和改善电路系统和网络线路

根据调研笔者发现，广州乡村现有比较方便的电路和网络线路，但存在两方面的问题，一是由于是后期居民根据需求增设且没有相应的规范和指导，线路常裸露在建筑物外，不仅与侨居原有风格不符影响美观，而且存在安全隐患（图6-8）。二是侨居在建造之初，并没有为线路预留空间，因而新增的室内线路也往往直接暴露在外部，影响建筑内部空间的使用和美观。

因而根据生活用电的需要，铺设电路系统，但在铺设时，应本着满足需求的前提下，把对侨居原貌的影响降至最小。在线路的选择、线路的形式（例如是否明铺

图 6-8　杂乱的线路
（图片来源：自摄）

---

❶ 梁祝，倪晋仁．农村生活污水处理技术与政策选择 [J]．中国地质大学学报：社会科学版，2007，7（3）：18-22．

线路）等方面应进行更加全面的考虑。

局部暴露管线的处理方式，比较适合层高较高的侨居，一般是在天花板下进行暴露，地面及墙体下半部分整洁。这种情况，既能保证空间的大体效果，节省资金，并且裸露的管线方便维护和维修。例如德国慕尼黑工业大学的图书馆（图6-9）改造项目，由于空间较高，在处理风机管线时，通过将墙体下半部分挖凹槽的形式，将体积较小的管线埋在墙体内，然后在墙体外层抹灰，在接近顶棚处的管线则裸露出来，风机和大量管线则在梁与梁之间，因位置较高且在两梁之间，即使其下没有设顶棚，也不会显得杂乱。

图6-9　顶棚下裸露管线
（图片来源：自摄）

在调研中，笔者也发现了一些将管线隐藏的做法。例如，笔者在对德国慕尼黑老城区中的一座历史建筑（图6-10）进行调研时，现在的居住者介绍，这座建筑在改建时，对建筑的改变量很少，在管线方面，通过将墙体挖凹槽的形式，将管线埋在墙体内部，只在电源插口出将插座附在墙面上；并将门口上方与楼板交接的管线较密凸出的地方，用抹灰等覆盖，避免了整个狭小空间的杂乱。

6.3.3　增设厨房及卫生间

建造之初，侨居的厨房一般布置在两廊其中的一间之中或两间都为厨房，如两龙村的有能楼（图6-11），住户将非入口一侧的廊房设为厨房，并在天井内加建了淋浴间，无卫生间。而对于没有廊房的侨居，如若要增加厨房和卫生间，则需要处理好干湿分离以及通

抹灰覆盖凸出管线　　　　　a　　　　　电线埋入墙体凹槽　　　　　b

图 6-10　管理处理方式

（图片来源：自摄）

图 6-11　厨房改造和加建淋浴间

（图片来源：自摄）

风采光等问题。例如黄善安民宅（图 4-4）室内加建了室内厕所，因而室内不但阴暗潮湿，而且存在卫生隐患。根据现代人的生活需求，可将原有的老式灶台厨房改造成现代化的厨房，将厨房设置在廊房（图 6-1），有助于形成洁污分区以及通风换气。对于卫生间的设置，只有一层的侨居可将其设置在廊房；对于层数较多的侨居，宜每层分别设置卫生间方便使用（图 6-1）。侨居在竖向层数增加的同时，会出现退台的情况，为了便于每层卫生间对位，可将卫生间与楼梯结合布置。这种布置方式灵活性较强，无论是自住还是将侨居改造成民宿、餐饮等，都可以根据需求增减卫生间的数量。

根据对两龙村学能楼屋主的访谈得知，部分侨居是根据传统大屋设计的尺度进行设计的。大屋的尺寸一般按传统设计成 12m×12m，12 代表 12 个月，而 12+12=24，代表二十四节气；平面一般为 4m 的九宫格形式；大屋的层高一般为一层 4m，二层 3.8，三层 3.6m，如果有四层，则层高会较低。调研中也发现部分侨居的平面尺寸为 8（5+3）m×12m，这种尺度常见于番禺区南村镇南村村。值得注意的是，侨居一般由本地工人或村民建造，测量及施工的精准性较低，因而实际建筑的尺寸往往与标准尺寸存在一定程度的误差。本节将侨居空间标准尺度、人体工程学、住宅厨房卫生间设计规范等进行辅助功能模块的布局探讨，在实际的侨居改造中，可根据侨居的实际尺寸在此基础上进行调整。以花都区花山镇两龙村学能楼为例，廊房可用空间尺寸（包括入口过道空间）为 2540mm×3380mm。厅堂可用空间尺寸（包括楼梯空间）主要为 3800mm×7360mm。

6.3.4　增设取暖和降温设备

在调研的过程中，笔者发现部分侨居采用了空调、风扇等用于夏季降温，但冬季室内寒冷潮湿，舒适度较差。因此在被动式改善侨居居住环境的同时，可增设采暖和降温设备。因侨居往往是独栋建造，不适合采用集中供暖的方式，可采用增设暖气、铺设地暖等方式。

6.4　本章小结

根据世界卫生组织公布的健康住宅的标准、国内居住建筑的相关标准、夏热冬暖地区人体对湿热的感知程度及侨居的具体情况，提取出衡量广州近代乡村侨居居住舒适度的指标，主要包括温度、湿度、日照、私密性、设备及功能布局、建筑环境七项。侨居主要存在夏季闷热，冬季湿寒，室内光线昏暗，缺少完善的给排水、采暖降温、换气等设备、缺少卫生间、厨房等功能空间，建筑环境差等问题。

被动措施改善侨居室内通风、采光、保温隔热及隔声的方式主要有：通过墙体屋顶等增设保温层设置双层玻璃窗等提高侨居的保温隔热隔声性能；扩大窗口尺寸、打开室内空间可增加通风和采光；局部种植绿植等也可以起到遮阳降温的作用。

主动措施即增加建筑设备和完善居住功能改善乡村侨居室内环境，主要可以通过增设给水排水系统、增设和改善电路系统和网络线路、增设厨房及卫生间和增设取暖和降温设备等措施。

结论

本书研究是"国家自然科学青年基金（项目批准号：51508194）"项目研究的一部分。笔者试通过对相关市志和前人学者的研究成果的查阅提出广州近代乡村侨居研究的目的和意义。通过对65个侨乡的侨居状况的实地调研，笔者汇总梳理出广州近代乡村侨居的数量、分布、位置、文化因子等，并分析了其建筑类型、现状及问题。在此基础上结合国内外的相关经验，从制度体系和改造实践两个方面为侨居的保护及活化利用存在的问题提出建议。

在数量、分布、位置、文化因子等方面，根据对各个村落侨居数量现状的分析，侨居在村落中的数量分布情况分为三种：(1) 成片区的存在，约占调研村落总数的15%；(2) 个别存在，约占调研村落总数的23%；(3) 完全拆除，约占调研村落总数的62%。广州近代乡村侨居的数量正在减少，即便是重点侨乡，且一些侨乡已经没有侨居了。侨居在村落内的分布情况主要分为片状、散点两种，并且由于部分侨居被拆除重建，很多片状分布的侨居变成了散点分布。广州近代乡村侨居文化因子主要包括屋顶形式、山墙和女儿墙形式、细部构造和装饰、层数与层高等几个方面。

在侨居建筑类型方面，笔者根据对广州乡村侨居的类型和现状进行统计和归纳，形成侨居类型的图片、文字及表格资料；结合调研成果与前人的相关研究成果，提取出侨居的两个主要特征：建筑风格和建筑功能布局，以此将广州近代乡村侨居大致分为改良式三间两廊侨居、碉楼式侨居、庐式侨居、小洋楼式侨居及中西结合园林式侨居五种类型，并对演化版三间两廊侨居、碉楼式侨居和庐式侨居这三种存在一定交叉的侨居形式，在平面布局、建筑风格和防御性三个主要方面的区别进行探讨，进而对这三种类型的侨居进行区分；结合具体的侨居平面图、总平面图、建筑外观图和细部图等实例，对这五种类型进行更加具体的分析。华侨在建造侨居时，采用什么样的建筑形式，是与多方面因素有关的，华侨家庭人口、华侨家庭生活方式、华侨侨居国的建筑形式、西方先进的建筑技术和材料、本地传统民居的建筑形式及风俗、周边村子里其他华侨所建造的侨居的形式，资金、宅基地、华侨的审美等都会影响到侨居的建筑形式。

广州近代乡村侨居的利用现状主要包括原样保护、商用改造、自住、对外出租、静置荒废和拆除重建六种类型。根据各种类型的数量及比例可知，大量的侨居处于未被利用的状态，侨居的利用率低。笔者将这六种情况的现状、优点、不足之处、数量进行分析和统计。广州近代乡村侨居存在的问题主要分为两种，在制度体系方面，广州近代乡村侨居存在的问题的原因主要有三种：一是产权不清，很难联系屋主；二是侨居保护和利用中没有处理好保护和发展的关系；三是地方政府对侨居的保护修复及活化利用的资金和技术投入不足且没有合理的投入标准。在实践指导方面，广州近代乡村侨居存在的问题的原因主要有两种：一是侨居室内居住环境较差，现有的居住环境与居民对于居住空间的舒适度的改善之间存在矛盾；二是侨居修复中存在一些修复性破坏。希望在此基础上，能够在以后对于侨居的保护及活化利用时，尽可能地根据具体情况，扬侨居在节能环保、结构材料和装饰风格等方面之长，避上文中所提到的保护利用中存在的两种主要问题之短。

通过对国内外历史文物建筑保护利用案例的分析，笔者认为广州近代乡村侨居的保护和利用可从多个方面借鉴：在法规方面增设具有本国本地区特色的登录制度；在投入机制方面通过政策、活动等扩宽投入来源；在保护理念方面，尊重历史建筑价值及提高其使用率；在保护体系和工程方面，首先形成全面系统地管理体系、技术标准和预警系统，其次逐步培养"历史建筑修复师"；在普及专业指导方面，为大众提供权威专业的保护利用手册及相关案例介绍。侨居的保护主要可分为三种级别，第一级别是原样保护，这种情况适用于国家级、省文物保护单位或者是特别具有代表性的侨居；第二级别是根据需求进行适当改造的活化再生类，适用于一般的被评定为历史建筑的侨居或者是普通侨居；第三级别是在保留的基础上进行新建的新旧共生类型。对于广州近代乡村侨居空置问题严重的情况，为更好地对其进行保护和利用，可根据侨居具体情况，从作为博物馆展览馆、旅游景点商业、出租居住和改造成市民活动场所这四个主要方面考虑侨居活化利用的可能性。

在解决侨居保护利用中存在的缺乏完善实践指导方面，根据世界卫生组织公布的健康住宅的标准、国内居住建筑的相关标准、夏热冬暖地区人体对湿热的感知程度及侨居的具体情况，提取出衡量广州近代乡村侨居居住舒适度的指标，主要包括温度、湿度、日照、私密性、设备及功能布局、建筑环境七项。侨居主要存在夏季闷热，冬季湿寒，室内光线昏暗，缺少完善的给水排水、采暖降温、换气等设备、缺少卫生间、厨房等功能空间，建筑环境差等问题。被动措施改善侨居室内通风、采光、保温隔热及隔声的方式主要有，通过墙体屋顶等增设保温层设置双层玻璃窗等提高侨居的保温隔热隔声性能；扩大窗口尺寸、打开室内空间可增加通风和采光；局部种植绿植等也可以起到遮阳降温的作用。主动措施即增加建筑设备和完善居住功能改善乡村侨居室内环境，主要可以通过增设给排水系统、增设和改善电路系统和网络线路、增设厨房及卫生间和增设取暖和降温设备等措施。

因为能力有限，笔者对于广州近代乡村侨居的研究还不够充分和完善，有待后续研究完善，笔者主要想在两个方面对其进行深入研究：一是对侨居"细节"信息的多层次绘制，利用 GIS 等软件生成包含文字、图表、图像等形式的数据资料库；二是对侨居的活化利用及物理空间舒适度进行实践性探究。

Conclusion

This article is funded by the National Natural Science Youth Foundation of China (project approval number: 51508194). The project is entitled "Research on Rural Modern Houses in the Pearl River Delta from the Perspective of Cultural Communication". This article is one of the branches of it in Guangzhou. This paper analyzes the previous research results, related historical materials and local history in Guangzhou, history of overseas Chinese and other relevant data, then put forward the purpose and significance of the research. Through the detailed field research of the present situation of the modern overseas Chinese houses in 65 villages of seven towns in Huadu, Baiyun, Zengcheng, and Panyu of Guangzhou, it sorts out the quantity, distribution, location, and cultural factors of the modern overseas Chinese's house in the countryside of Guangzhou. Furthermore, analyzes deeply the types and status quo of it. Then combine that with the practical experience at home and abroad, then in the terms of system and practice guidance, propose solutions to existing problems about the protection, activation and utilization.

In terms of quantity, distribution, location, cultural factors and so on, according to the analysis of the present situation of the number of the overseas Chinese house, the distribution of it in the village is divided into three types. The existence of area forms accounts for about 15%. The existence of a separate form accounts for about 23%. The total removal is about 62%. The number of the modern overseas Chinese's House in the countryside of Guangzhou is decreasing, even in key overseas Chinese villages. The distribution of overseas Chinese house in the village is mainly divided into two kinds of flaky and scattered points, and because some of the houses are dismantled and rebuilt, many flaky residing of overseas Chinese house has become a scattered distribution. The cultural factors of the modern overseas Chinese's house in Guangzhou mainly include roof form, gable and parapet form, detail structure and decoration, height and number of layer.

In terms of the architectural type, based on the statistics and induction of the types and status quo of the overseas Chinese house in Guangzhou, the pictures, characters and tabular data of the overseas Chinese house types are formed.

Based on the research results and the relevant research results of previous scholars, the two main characteristics of the overseas Chinese house are extracted: architectural style and architectural function layout. In this way, the modern overseas Chinese's house in the countryside of Guangzhou is roughly divided into five types, the improved folk house of "San-jian Liang-lang", Watchtower-like Dwelling, cottage style house, foreign-style house and garden style house combined Chinese and western. There are some cross forms among the super improved folk house of "San-jian Liang-lang", Watchtower-like Dwelling and cottage style house. Then I discuss the differences of them in the aspect of plane layout, architectural style and defensive. I make a more detailed analysis of the five types by discussing the plan, general plan, architectural appearance and detailed drawings of some specific examples. What kind of architectural form is adopted by overseas Chinese in the construction of overseas Chinese is related to many factors, such as the family population of the overseas Chinese, the way of living of the overseas Chinese family, the architectural form of the overseas Chinese host country, the advanced construction technology and materials in the west, the architectural forms and customs of the local traditional folk house, and the construction of the other house in the surrounding villages. The form of overseas residence, capital, homestead, and the appreciation of overseas Chinese house all affect the architectural form of overseas Chinese house.

The current situation of the modern overseas Chinese's house in the countryside of Guangzhou mainly includes six types: original protection, commercial transformation, self-occupation, rent, static waste and demolition and reconstruction. According to the number and proportion of various types, a great number of overseas Chinese house are in the state of being not used, and the utilization rate of them is low. Then I analyze the current situation, advantages, disadvantages and quantity of these six situations and make statistics. There are two main problems about the overseas Chinese's House in the countryside of Guangzhou. In the aspect of system, there are three main reasons for the existing problems. One is that the property right is not clear and the it is difficult to contact the house owner. The second one is the relationship between protection and development which is not well dealt when protect and utilize the overseas Chinese house. The third is the lack of investment, technology and reasonable standard from the local government in the protection and utilization of overseas Chinese house. In the aspect of practical guidance, there are two main reasons for the existing problems. One is the gap between the poor indoor living environment and the hope about a high level of the living space. Secondly, there are some repair damage. In this way, it is hoped that it can carry forward the advantages of overseas Chinese house in energy saving, environmental protection, structural materials and decorative styles. Avoiding the two major problems mentioned above is also important.

Through the analysis of the protection and utilization of historical relics such as Germany, Foshan and Kaiping. There are some aspects can learn from them when protect and utilize the modern overseas Chinese's house in the countryside of Guangzhou. In the aspect of laws and regulations, we should set up a login system with local characteristics. In term of input mechanism, the sources of investment should be broadened through policies and activities. In terms of protection concept, we should respect the value of historical buildings and improve their utilization rate. In the protection system and engineering, we should first form a comprehensive and systematic management system, technical standard and early warning system, followed by the gradual training of "historical building restorers". In the field of popularizing professional guidance, authoritative and professional protection and utilization manuals and related cases should be provided for the public. The protection of the modern overseas Chinese's house in the countryside of Guangzhou can be divided into three levels. The first level is the original protection, which is applicable to state-level, provincial cultural relic protection units or especially representative overseas Chinese. The second level is an activated regeneration class that is appropriately reformed according to the needs, which is suitable for general house or ordinary overseas Chinese house as a historical building. The third level is the new and old symbiosis type built, on the basis of reservation. Taking the serious situation of the vacancy problem about the modern overseas Chinese's house in the countryside of

Guangzhou into account, for the sake of better protecting and utilizing, the possibility of active utilization of overseas Chinese can be considered from four main aspects, which are museum exhibition hall, tourist attractions commerce, renting and transforming into citizen activities according to the specific situation of the overseas Chinese house.

In solving the lack of perfect practical guidance in the protection and utilization of overseas Chinese house, according to the standard of health residence, the relevant standards of domestic residential buildings, the perception of humid heat in hot summer and warm winter areas and the specific situation of the overseas Chinese's House, the comfort index of it is extracted. It mainly includes seven items: temperature, humidity, sunshine, privacy, equipment and function layout, and building environment.There are some main existence problems of the overseas Chinese house. It is hot and stuffy in summer, but cold and wet in winter. Secondly it lacks perfect water supply and drainage, heating and cooling, ventilation and other equipment. It also short of toilet, kitchen and other functional space. Thus, the building environment is poor. Passive measures to improve ventilation, daylighting, thermal insulation and sound insulation in residential rooms mainly include adding insulation layer to wall roof and set up double glazing windows to improve insulation and sound insulation performance of house, enlarging window size and opening indoor space can increase ventilation and daylighting. Partial planting green plants which can also play a role of sunshade and cooling. The adoption of active measures to improve the rural living environment is mainly to increase the building facilities and improve the living function. Adding and improving water supply and drainage system, circuit system and network circuit, adding kitchen, toilet, heating and cooling equipment are all optional measures.

Because of the limitation of time, the research on the modern overseas Chinese's house in the countryside of Guangzhou is not enough and perfect. I hope that there will be a chance to study it more deeply in the future, mainly in two aspects.The first one is to draw the "details" of it, using GIS and other software to generate data databases including characters, charts, images and other forms. On the other hand, doing some practical exploration about the utilization and the physical space comfort of the overseas Chinese house.

参考文献

[1] 常青. 历史空间的未来——新型城镇化中的风土建筑谱系认知[J]. 中国勘察设计, 2014（11）: 35-38.

[2] 郑德华. 关于"侨乡"概念及其研究的再探讨[J]. 学术研究, 2009（2）: 95-100.

[3] 方雄普. 中国侨乡的形成和发展[A]// 载庄国土主编. 中国侨乡研究[C]. 厦门: 厦门大学出版社, 2000.

[4] 潘翎. 海外华人百科全书[M]. 香港: 三联书店（香港）有限公司, 1998.

[5] 刘权. 广东华侨华人史[MJ. 广州: 广东人民出版社, 2002.

[6] 许桂灵, 司徒尚纪. 广东华侨文化景观及其地域分异[J]. 地理研究, 2004, 23（3）: 411-421.

[7] http://www.zdic.net/c/1/ee/244149.htm

[8] 陆元鼎, 马秀之, 邓其生. 广东民居[J]. 建筑学报, 1981（09）: 29-36+82-87.

[9] 陆琦. 广府民居[M]. 广州: 华南理工大学, 2013.

[10] 郑力鹏, 王育武, 郭祥, 等. 广州珠村人居环境调查与改善研究[J]. 华南理工大学学报（社会科学版）, 2004, 6（2）: 59-61.

[11] 肖旻. 广府地区民居基本类型三间两廊的形制——以三水大旗头村建筑为例的研究[J]. 2007.

[12] 林怡. 粤中侨居研究[D]. 广州. 华南理工大学, 1991.

[13] 陆映春, 陆映梅. 粤中侨乡民居设计手法分析[J]. 新建筑, 2000（2）: 47-51.

[14] Bettina Hintze, Amandus Sattler. Die besten Einfamilienhäuser 2007 – Umbau statt Neubau[M].Callwey Verlag, 2007.

[15] 王景慧, 阮仪三, 王林. 历史文化名城保护理论与规划[M]. 同济大学出版社, 1999.

[16] 陈耀华, 杨柳, 颜思琦. 分散型村落遗产的保护利用——以开平碉楼与村落为例[J]. 地理研究, 2013, 32（2）: 369-379.

[17] 张国雄. 中国碉楼的起源、分布与类型[J]. 湖北大学学报（哲学社会科学版），

2003，30（4）：79-84.

[18] 刘亦师. 中国碉楼民居的分布及其特征[J]. 建筑学报，2004（9）：52-54.

[19] 许颖. 侨房政策下的侨房问题个案浅析——以大埔县昆仑村黄进添家族为例[J]. 客家研究辑刊，2016（1）：72-76.

[20] 罗素敏. 改革开放以来落实侨房政策研究——以广东为中心的考察[J]. 华侨华人历史研究，2016（2）：50-60.

[21] 肖旻. 广府地区古建筑残损特点与保护策略[J]. 南方建筑，2012（1）：59-62.

[22] 姜省. 文化交流视野下的近代广东侨居[J]. 华中建筑，2010，28（4）：148-151.

[23] 戴志坚. 福建古村落保护的困惑与思考[J]. 南方建筑，2014（4）：70-74.

[24] 张松. 作为人居形式的传统村落及其整体性保护[J]. 城市规划学刊，2017（2）.

[25] 常青. 思考与探索——旧城改造中的历史空间存续方式[J]. 建筑师，2014（4）：27-34.

[26] 崔文河. 青南地区碉楼民居更新设计研究——以班玛县科培村为例[J]. 建筑学报，2016（10）：88-92.

[27] 林正雄. 从博弈观点论北台湾历史街区保护中参与者的反身性[J]. 城市建筑，2011（2）：18-21.

[28] 陆元鼎. 中国民居研究五十年[J]. 建筑学报，2007（11）：66-69.

[29] 白瑞斯，王霄冰. 德国文化遗产保护的政策、理念与法规[J]. 文化遗产，2013（3）：15-22.

[30] 李育霖. 德国现代建筑遗产的保护理念与方法研究[D]. 西安：西安建筑科技大学，2016.

[31] 翟小昀. 借鉴国外经验研究探讨我国古建筑保护及维护[D]. 青岛：青岛理工大学，2013.13.

[32] 周霞，冯江，吴庆洲. 经济发达地区城市历史文化资源的保护与利用——以佛山历史文化名城保护规划为例[J]. 城市规划，2005（8）：93-96.

[33] 魏闽. 历史建筑保护和修复的全过程[M]. 南京：东南大学出版社，2011.

[34] Martin D J, Krautzberger M, Denkmalpflege/-schutz. Handbuch Denkmalschutz und Denkmalpflege[M]. Beck Juristischer Verlag, 2010.

[35] Linhardt, Achim. Handbuch Umbau und Modernisierung [M]. Germany, Rudolf Müller, 2008.

[36] 林云龙，杨百东. 景园大师，劳伦斯·哈普林 [M]. 尚林出版社，1984.

[37] 闫立惠. 杭州市中心城区历史建筑功能置换研究 [D]. 杭州：浙江大学，2011.

[38] 周丽莎. 香港旧区活化的政策对广州旧城改造的启示 [J]. 现代城市研究，2009，24（2）：35-38.

[39] 王珺，周亚琦. 香港"活化历史建筑伙伴计划"及其启示 [J]. 规划师，2011，27（4）：73-76.

[40] 朱明政. 古建筑改造和保护 [D]. 天津：天津美术学院，2008.

[41] 金玲，孟庆林，赵立华，等. 粤东农村住宅室内热环境及热舒适现场研究 [J]. 土木建筑与环境工程，2013，35（2）：105-112.

[42] 张宇峰. 夏热冬暖地区代表性城市与农村居住建筑热环境设计与计算指标 [J]. 建筑科学，2014，30（6）：10-18.

[43] 中华人民共和国住房和城乡建设部. 民用建筑热工设计规范 [M]. 北京：中国计划出版社，2016.

[44] 中华人民共和国住房和城乡建设部. 住宅设计规范 [M]. 中国建筑工业出版社，2016.

[45] 梁祝，倪晋仁. 农村生活污水处理技术与政策选择 [J]. 中国地质大学学报：社会科学版，2007，7（3）：18-22.

[46] 杨士弘，王绍仪. 广州城市绿化的环境作用 [J]. 热带地理，1989，9（2）：134-142.

[47] 林波荣. 绿化对室外热环境影响的研究 [D]. 北京：清华大学，2004.

[48] 广州市. 广州文物志 [M]. 广州：广州出版社，2000.

[49] 广州市和各区（县级市）联合编撰. 广州市文物普查汇编花都区卷 [M]. 广州：广州出版社，2009.

[50] 广州市和各区（县级市）联合编撰. 广州市文物普查汇编白云区卷 [M]. 广州：广州出版社，2009.

[51] 广州市和各区（县级市）联合编撰. 广州市文物普查汇编从化区卷 [M]. 广州：广州出版社，2009.

[52] 广州市和各区（县级市）联合编撰. 广州市文物普查汇编番禺区卷 [M]. 广州：广州出版社，2009.

[53] 广州市和各区（县级市）联合编撰. 广州市文物普查汇编黄埔区卷 [M]. 广州：广州出版社，2009.

[54] 广州市和各区（县级市）联合编撰. 广州市文物普查汇编增城区卷. [M]. 广州：广州出版社，2009.

[55] 吴良镛. 中国人居史 [M]. 北京：中国建筑工业出版社，2014.

[56] 李海波. 广府地区民居三间两廊形制研究 [D]. 广州：华南理工大学，2013.

[57] 鲍莉，李海清，刘畅，等. 传统民居功能与性能整体提升路径实探——以江苏宜兴历史城镇民居更新为例 [J]. 新建筑，2017（5）.

[58] 高云飞，程建军，赵立华，等. 岭南传统民居覆瓦双坡屋面隔热性能研究 [J]. 建筑科学，2006（b04）：46-50.

[59] 刘畅. 宜兴市古南街传统砖木民居功能及性能提升的一体化设计研究 [D]. 南京：东南大学，2015.

[60] 钟洪彬. 我国历史建筑保护制度研究 [D]. 上海：上海交通大学，2013.

[61] 冯江. 广州历史建筑改造远观近察 [J]. 新建筑，2011（02）：23-29.

附录

附录1：部分侨居测绘平面图

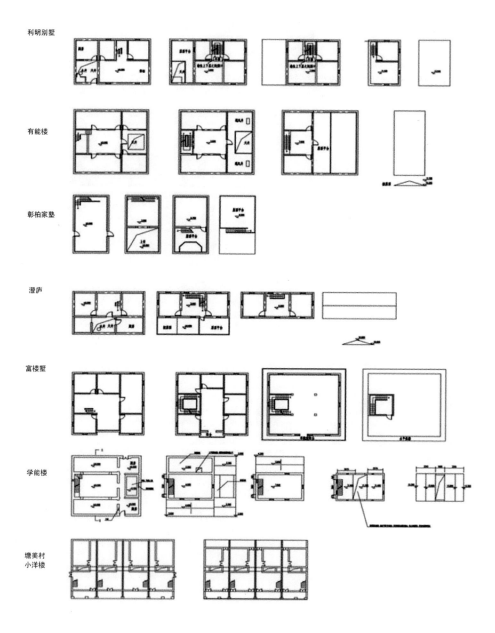

附录 2：调研访谈整理
（访谈者为作者，被访谈者为村民或侨居屋主）

访谈 1

访谈时间： 2016 年 10 月 14 日

访谈地点： 花都区花山镇两龙村学能楼

访谈对象： 采访对象为两龙村的"才能楼"、"学能楼"和"满楼"三栋侨居的现屋主刘先生，刘先生是原屋主的侄子。主要针对"学能楼"进行采访。

访谈问题：

问题 1：原屋主的侨居国是哪里？

刘先生：美国。

问题 2：回来建房的原因，资金来源？

刘先生：由原屋主在美国打工所得，建造了"才能楼"、"学能楼"和"满楼"三栋侨居。其中才能楼在建造时选用了水泥和钢筋材料，因水泥不足，只是一、二层之间的楼梯为水泥楼梯，上部为木楼梯。

问题 3：原屋主多久回来一次？

刘先生：大约一年回来一次，祭祖。

问题 4：房子是否有图纸？

刘先生：这个就不清楚了。

问题 5：施工人员？

刘先生：由本地的工匠施工。

问题 6：建筑材料？

刘先生：水泥、钢筋、青砖、木材。

问题 7：在房子里的生活（祭祖、厨房、卫生间、储藏）？

刘先生：两个廊房都是厨房；没有卫生间，都是倒夜香；天井墙壁上是祭天和拜天地的地方；门口的有门官。

问题 8：安全性

刘先生：很注重安全性，墙体都很厚，尤其是一层，并且都有枪眼式洞口，层层防御。

问题 9：是否讲究风水？

刘先生：根据传统大屋设计的尺度进行设计的。大屋的尺寸一般设计成 12m×12m，12 代表 12 个月，12+12=24 代表二十四节气；平面一般为 4m 的九宫格形式；大屋的层高一般为一层 4m，二层 3.8，三层 3.6m，如果有四层，则层高会较低。

问题 10：居住舒服吗？

刘先生：一年四季都比较适合住人，因为墙体较厚，且为中空墙体，所以保温隔热性能较好。

问题 11：接下来对建筑有什么改善？

刘先生：增加卫生间、冲凉房、衣帽间之类。

学能楼

访谈 2

访谈时间： 2016 年 11 月 14 日

访谈地点： 增城区新塘镇黄沙头村黄善安民居

访谈对象： 采访对象黄善安民居的二三楼部分的租住者，一楼部分的租住者未见到（因不方便透露姓氏，下面简称为 A）。

访谈问题：

问题 1：租住在这里的原因？

A：儿子和儿媳妇来增城打工，她帮助照看孩子。

问题 2：原屋主是谁及其侨居国？

A：现在的屋主居住在镇上，原屋主与现屋主的关系为姐弟，原屋主很早之前就移民到美国。

问题3：对于所租住的侨居的居住环境的感觉？

A：租金便宜，由此要求不高。通风采光差、室内潮湿阴暗，空间狭小。

问题4：会对居住环境进行改善吗？

A：不会自己出钱改善，现屋主也没有想改善的意向。

问题5：楼梯这么窄，上下方便吗？

A：不方便，主要是对小孩子而言比较危险。

访谈3

访谈时间：2016年9月25日

访谈地点：花都区花山镇紫西村廷章阁

访谈对象：受访者是一位居住在廷章阁旁边的大叔（下文成为B）。

访谈问题：

问题1：原屋主是侨居在哪国的华侨？

B：由西班牙和巴拿马的邱姓家族多户居住。

问题2：现在还有人管理吗？

B：几乎无人看管。

问题3：建筑内部的混凝土梁柱是后期加的吗？

B：不是，是原本就有的，原为6层，被日军轰炸后修复成2层。

访谈4

访谈时间：2016年9月25日

访谈地点：花都区花山镇平东村利明别墅

访谈对象：受访者是居住在利明别墅旁边，是原屋主的亲戚（下文称为C）。

访谈问题：

问题1：原屋主是侨居在哪国的华侨？

C：原屋主姓黄，现居美国，每年春节会回来。

问题2：现在还有人管理吗？

C：屋主委托我管理，会进行日常的维护。

问题3：会考虑对这栋建筑进行其他形式的使用吗？

C：目前没有考虑，主要是安放祖宗的牌位，春节时用于祭祖。

访谈 5

访谈时间： 2016 年 11 月 14 日

访谈地点： 增城区新塘镇新街村炮楼

访谈对象： 受访者是炮楼旁商店外看下棋的老爷爷（下文成为 D）。

访谈问题：

问题 1：您了解炮楼的历史吗？

D：这个村子里有两个炮楼，分别建在村子的两端，用于防御。

问题 2：现在还有人管理吗？

D：没看到有人管理。

问题 3：炮楼现在还被使用吗？

D：没有。

访谈 6

访谈时间： 2016 年 11 月 14 日

访谈地点： 花都区花山镇镇洛场村

访谈对象： 彰柏家塾经营者（下文称为 E）。

访谈问题：

问题 1：这个建筑现在用来做什么？

E：组织茶艺活动。

问题 2：盈利情况如何？

E：主要以组织茶艺活动为主，宣传文化。

问题 3：日常的活动多吗？

E：比较多，还会有相关茶艺的课程之类。

问题 4：觉得改造后的室内环境如何？

E：很好，氛围适合茶艺活动，有庭院，一楼是展览和销售，二楼是很有禅意的空间，还有屋顶露台。

附录3：航拍图汇总

花都区花山镇洛场村航拍

白云区江高镇大石岗村

白云区人和镇矮岗村

花都区新华镇岐山村

白云区人和镇南村

附录 4：调研建筑现状照片

村落名称	侨居名称	现场照片
花都区花山镇		
洛场村	彰柏家塾	
	澄庐	

续表

村落名称	侨居名称	现场照片
洛场村	开城楼	
	活元楼	
	洛场八队4	

续表

村落名称	侨居名称	现场照片
洛场村	静观庐	
	鹰扬堂	

附录 | 147

续表

村落名称	侨居名称	现场照片
洛场村	活钦庐	
	津仁楼	

续表

村落名称	侨居名称	现场照片
洛场村	桂添楼	
	拱日楼	

续表

村落名称	侨居名称	现场照片
洛场村	桂昌楼	
	桂检楼	

续表

村落名称	侨居名称	现场照片
洛场村	穗庐	
	汝威楼	

续表

村落名称	侨居名称	现场照片
洛场村	容膝楼	
	岳鸾楼	

续表

村落名称	侨居名称	现场照片
洛场村	岳崧楼	
	起鹏楼	

续表

村落名称	侨居名称	现场照片
洛场村	营辉楼	
	配芬家塾	

续表

村落名称	侨居名称	现场照片
洛场村	禄海楼	
	江梓桥楼	

续表

村落名称	侨居名称	现场照片
洛场村	江梓球楼	
	邵庚楼	

续表

村落名称	侨居名称	现场照片
平山村	富楼	
平山村	勋庐	
五星村	光福楼	

续表

村落名称	侨居名称	现场照片
和郁村	王氏侨居 1	
	王氏侨居 2	

续表

村落名称	侨居名称	现场照片
东湖村	A侨居	
平东村	利明别墅	

续表

村落名称	侨居名称	现场照片
平东村	平东七队141号民居	
	平东七队126	

续表

村落名称	侨居名称	现场照片
平东村	平东七队 124/129/131	
铁山村	A 侨居	

附录 | 161

续表

村落名称	侨居名称	现场照片
儒林村	林氏侨居	
紫西村	邱氏侨居/廷章阁	
两龙村	有能楼	

续表

村落名称	侨居名称	现场照片
两龙村	财能楼	
	学能楼	
	满能楼	

续表

村落名称	侨居名称	现场照片
两龙村	王氏大屋	
花都区新华镇		
岐山村		

续表

村落名称	侨居名称	现场照片
岐山村		
番禺区南村镇		
罗边村		

续表

村落名称	侨居名称	现场照片
罗边村		
南村		

续表

村落名称	侨居名称	现场照片
南村		
梅山村		

续表

村落名称	侨居名称	现场照片
梅山村		
坑头村		

续表

村落名称	侨居名称	现场照片
坑头村		
水坑村		

续表

村落名称	侨居名称	现场照片
水坑村		
增城区新塘镇		
塘美村	塘美一坊街东一巷 12-15 号	

续表

村落名称	侨居名称	现场照片
塘美村	一坊街东一巷3号	

续表

村落名称	侨居名称	现场照片
塘美村		
	一坊街南五巷2号	

续表

村落名称	侨居名称	现场照片
塘美村		
	其他	

附录 | 173

续表

村落名称	侨居名称	现场照片
塘美村		
新街村	炮楼	

续表

村落名称	侨居名称	现场照片
新街村		
瓜岭村	宁远楼	

续表

村落名称	侨居名称	现场照片
瓜岭村		
	棠荫楼	

续表

村落名称	侨居名称	现场照片
瓜岭村		
田心村	向北街二巷1号	

续表

村落名称	侨居名称	现场照片
田心村		
	其他	

续表

村落名称	侨居名称	现场照片
田心村		
下基村		

续表

村落名称	侨居名称	现场照片
下基村		
黄沙头	村新街 7 号	

续表

村落名称	侨居名称	现场照片
黄沙头	黄善安民宅	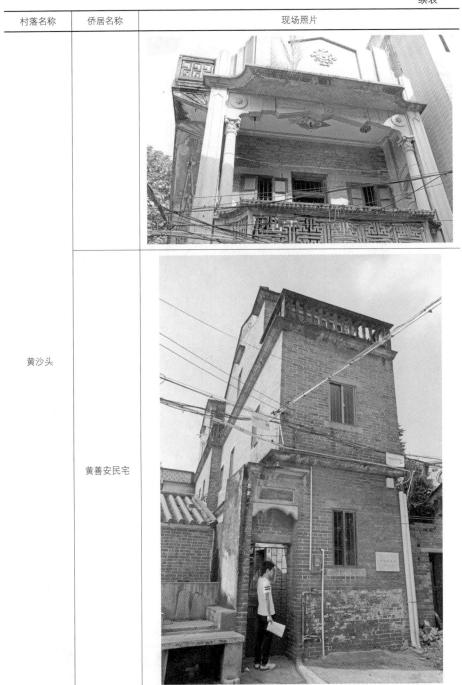

续表

村落名称	侨居名称	现场照片
黄沙头		
	沙吓街	

续表

村落名称	侨居名称	现场照片
黄沙头	西坊街一巷2号	

续表

村落名称	侨居名称	现场照片
黄沙头	其他	

续表

村落名称	侨居名称	现场照片
乌石村		

续表

村落名称	侨居名称	现场照片
白云区江高镇		
白江村		
大石岗村		

续表

村落名称	侨居名称	现场照片
白云区人和镇		
大石岗村		
矮岗村		

续表

村落名称	侨居名称	现场照片
矮岗村		
高增村	戴汉宗故居	

续表

村落名称	侨居名称	现场照片
南村		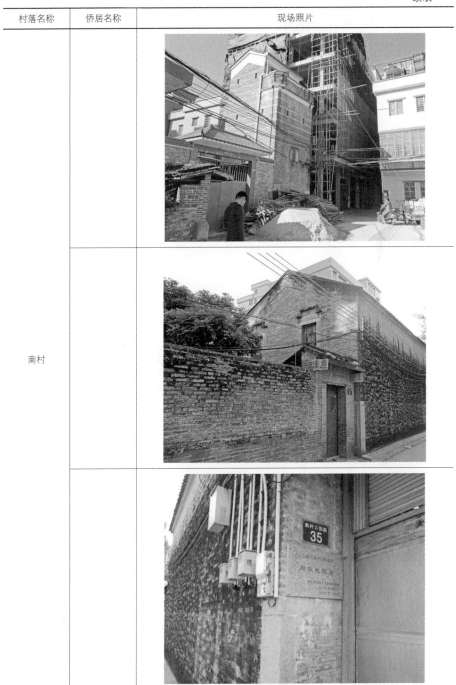

附录 | 189

附录5：图片目录

图 1-1　广州近代华侨侨居国分布图

图 2-1　调研的侨乡村落定位及其对应的侨居国

图 2-2　花都区花山镇岐山村的街巷式布局及巷门

图 2-3　花都区花山镇洛场村彰柏家塾片区

图 2-4　花都区花山镇平山村的富楼位于村头

图 2-5　白云区人和镇矮岗村华侨新村片区位于村头

图 2-6　番禺区南村镇罗边村解阜里的白石门巷和红石门巷

图 2-7　增城区新塘镇新街村炮楼

图 3-1　传统三间两廊式民居与改良或三间两廊侨居比较

图 3-2　演化版侨居：澄庐

图 3-3　众人楼（廷章阁）现状及内部混凝土框架

图 3-4　碉楼式侨居（学能楼）平面图及现状图

图 3-5　混凝土碉楼（宁远楼）

图 3-6　庐式侨居（富楼）平面图及现状图

图 3-7　庐式侨居（勋楼）现状图及首层平面分析图

图 3-8　塘美村 12-15 号小洋楼（a 平面布局；b 鸟瞰图）

图 3-9　中西结合园林式侨居（兰苑）鸟瞰图

图 4-1　宁远楼保护现状

图 4-2　彰柏家塾商业改造内部

图 4-3　有能楼自住改造

图 4-4　对外出租的黄善安民宅内部使用情况

图 4-5　矮岗村现存侨居现状及拆除重建民居部分鸟瞰图

图 4-6　岐山村侨居与城镇化区域关系鸟瞰

图 4-7　澄庐脱落的装饰和坍塌的木楼梯

图 5-1　慕尼黑新市政厅一层商业现状

图 5-2　罗滕堡历史街区商业现状

图 5-3　广州历史建筑保护行政组织架构

图 5-4　华侨博物馆

图 5-5　a 洛场村商业改造；b 小洋楼式侨居

图 5-6　慕尼黑新市政厅

图 5-7　a 白云区太和镇南村村；b 美国黑人社区改造

图 6-1　学能楼改善侨居居住空间采光通风、景观、功能布局示意图

图 6-2　a 屋顶明瓦；b 阁楼楼板开洞；c 屋顶采光

图 6-3　洞窗形式（a 可开启屋顶窗扇；b 双层玻璃；c 紧贴在一起的双层窗户；d 中间有空隙的双层窗户；e 铝合金窗）

图 6-4　侨居内墙

图 6-5　墙体涂白并拆除部分墙体

图 6-6　木楼板加固构造

图 6-7　明渠排水

图 6-8　杂乱的线路

图 6-9　顶棚下裸露管线

图 6-10　管线处理方式

图 6-11　厨房改造和加建淋浴间

Appendix 5: Picture catalog

Figure 1-1   The distribution Map about the host countries of the modern overseas Chinese in Guangzhou

Figure 2-1   The location and host countries of the Overseas Chinese house we researched

Figure 2-2   Lane style layout and gates in Qishan Village, Huashan Tom, Huadu District

Figure 2-3   Zhangbaijiashu district in Luochang Village, Huashan Tomn, Huadu District

Figure 2-4   Located in the head of the village: Fulou tower in Pingshan Village of Huashan Towm, Huadu District

Figure2-5   Located in the head of the village: Huaqiaoxincun in Xiaogang Village of Renhe Town, Baiyun District

Figure 2-6   Baishimen Alley and Hongshimen Alley of Xiebi Lane in Luobian Village, Nancun Tom, Panyu District

Figure 2-7   Watchtower-like Dwelling in Xinjie Village, Xintang Town, Zengcheng District

Figure 3-1   Comparison between the traditional and the improved folk house of "San-jian Liang-lang"

Figure 3-2   The super improved folk house of "San- jian Liang lang"

Figure 3-3   TirgZhangle

Figure 3-4   The plan of Watchtower-like Dwelling

Figure 3-5   Watchtower-like Dwelling made of concrete

Figure 3-6   Plan and picture of status quo about cottage style house (Fulou tower)

Figure 3-7   Plan with analyses and picture of status quo about cottage style house (Xunlutower)

Figure 3-8   foreign-style house No. 12-15 in Tangmei Village (a: Plan layout; b

Perspective)

Figure 3-9　Perspective of the layout about the Garden style house combined Chinese and western (Lanyuan Building)

Figure 4-1　Protection status of Ningyuan Tower

Figure 4-2　Commercial renovation of Zhangbaijiashu Tower

Figure 4-3　Renovation of Youneng Tower

Figure 4-4　Usage situation of Huangshanan Building Wich is rented

Figure 4-5　Perspective of status quo of the existing overseas Chinese's house and reconstructions part in Aigang Village

Figure 4-6　Perspective about the overseas Chinese house and the urbanization area in Qishan Village

Figure 4-7　Sewing-out Decorating and Collapsed Wooden Staircase of Xunlu Tower

Figure 5-1　Commercial usage's status of the first floor in Neues Rathaus of Munich

Figure 5-2　Commercial usage's status of historic area in Rothenburg

Figure 5-3　The administrative structure of the historic building protection in Cuangzhou

Figure 5-4　Overseas Chinese Museum

Figure 5-5　Commercial Transformation of Luochang Village; b foreign-style house

Figure 5-6　Neues Rathaus Munich

Figure 5-7　a: Nancun Village, Taihe Town, Baiyun District; b: Renovation of African American Community

Figure 6-1　Improving of the Lighting, Ventilation, Landscape, and Functional Layout about Xueneng Building

Figure 6-2　a: Glass tile; b: Hole opening of the loft; c: roof lighting

Figure 6-3　Windows (a: Openable roof window; b: double Blass; c: double window clinging together;d: double window with a gap in the middle; e: aluminum window)

Figure 6-4　Overseas Chinese house interior wall
Figure 6-5　white painted wall and remove part of the wall
Figure 6-6　Reinforcement structure of the wood floor
Figure 6-7　Visible drainage pipe
Figure 6-8　messy lines
FIgure 6-9　bare pipeline under the ceiling
Figure 6-10　Pipline treatment
Figure 6-11　Kitchen renovation and Addition Shower

附录6：表目录

表 2-1　广州市各县区华侨及侨乡概括表
表 2-2　调研的侨乡及其侨居地统计表
表 2-3　广州市花都区花山镇的侨居的现状及文化因子等信息统计表
表 2-4　调研村落侨居数量情况
表 2-5　广州近代乡村侨居主要文化因子汇总表
表 3-1　调研村落中现存的侨居形式汇总表
表 3-2　五种侨居类型及其特点
表 4-1　调研村落中尚存的侨居利用情况及其数量
表 4-2　广州乡村侨居现状调研统计表
表 5-1　德国文物遗产在国家和联邦州层面的法律
表 5-2　广州近代乡村侨居分类分要素保护表
表 5-3　侨居保护分类及保护指导
表 6-1　广州近代乡村侨居居住现状及问题
表 6-2　被动措施改善侨居居住环境的8个因素

Appendix 6: Table Catalog

Table 2-1　Summary of the Overseas Chinses and Overseas Chinese homeland in the villages Guangzhou City

Table 2-2　Statistical Survey of Overseas Chinese Hometowns and Their host countries

Table 2-3　Statistics on the present Status and Cultural Factors of Overseas Chinese house in Huashan Town, Huadu District, Guangzhou

Table 2-4　the amount of the overseas Chinese house in villages we researched

Table 2-5　Summary of Main Cultural Factors of Modem overseas Chinese house in Guangzhou

Table 3-1　Summary of overseas Chinese house Forms in Villages

Table 3-2　Five Types of overseas Chinese house and Their Characteristics

Table 4-1　The number and state quo of four kinds of the overseas Chinese house in villages we researched

Table 4-2　Statistics of overseas Chinese house in Guangzhou

Table 5-1　German Cultural Heritage Legislation in terms of the nation and the federal state

Table 5-2　Protecting the ouerseas Chinese house in Guangzhou in the aspect of classification and elements

Table 5-3　Classification and protection guidance for the overseas Chinese house in Guangzhou

Table 6-1　Present status and Problems of the Modern overseas Chinese house in Guangzhou

Table 6-2　Eight Factors of Passive Measures to Improve the Living Environment of overseas Chinese house

致谢

　　研究生的三年时光犹如白驹过隙,这三年我学到了很多也成长了很多,这些都离不开导师的谆谆教诲,身边朋友的鼓励以及家人的支持。

　　在此向三年中对我给予关心帮助的所有人致以最衷心的感谢!

　　首先要感谢我的导师傅娟老师。感谢傅老师三年来对我的关心教导。正因为如此,我才能在各个方面都有机会做到我力所能及的最好。同时,对于本篇论文,从一开始的选题便是从属于傅老师的国家自然科学青年基金,因而在调研方面傅老师的国家自然科学青年基金为调研提供了很大的人力和财力方面的支持,从而保证论文中基础资料的搜集和整理。在写作过程中遇到的种种难题,您都在百忙之中给予我耐心认真的指导,从而使我可以顺利完成论文写作。回顾三年来的学习和工作,您严谨而认真的态度和面对繁重工作仍然坚持不懈的精神,都让我受益匪浅,终生难忘。

　　感谢肖大威教授,能够有幸在入学之初就跟随傅娟老师参加肖门的各种活动,学习到很多。感谢冯江老师,不仅为调研提供了测距仪等仪器,还将我的论文推荐给《南方建筑》杂志社。感谢魏成老师对论文的细节及结构框架提出的宝贵建议。感谢张智敏老师在航拍图方面的帮助。感谢郑力鹏老师和陆琦老师在民居及古建筑保护方面的指点。感谢资料室的黄老师在资料查阅方面给予的帮助。感谢黄铎老师在古村落研究技术方面的指导。

　　另外,感谢师弟师妹们在调研方面对我的帮助。感谢同门师弟周文昭从调研的开始到最后一直非常认真专业地对所调研的侨居进行拍照并按照村落进行分类。感谢林伟师弟在调研的过程中对调研的侨居进行测绘和定位。感谢徐嘉迅师弟、谭启钧师弟、谢淑玲师妹等在调研中对侨居进行拍照、测绘、定位等。感谢在调研中接受咨询的广东省侨务办、花都区人民政府等相关单位,感谢罗边村、坑头村等调研村落的村民委员会的工作人员以及村民的热心指路。感谢在调研中接受访谈的屋主和村民。感谢调研司机肖师傅的帮助。

　　感谢身边的朋友对我的支持和鼓励,尤其是两位舍友贾博雅和郭垚楠为我的研究生三年带来了很多的快乐,并且在我需要的时候给予我帮助。感谢好友黄文在论文投稿方面的帮助。

　　感谢我的好朋友迟宝萍、陈立娴、张丹璐在实习和工作推荐方面的帮助,感谢在唯创设计、广州市设计院三所给予我帮助的领导和同事们。

还要感谢我的男朋友陈家明,感谢他一直以来的陪伴和支持。并且在论文方面也对我有很大的帮助,论文中的很多照片都是由他拍摄和绘制,论文中的一些案例也是由他介绍给我,并且他还帮我翻译了大量的德文文献。

特别感谢我的父母对我一直以来的养育和照顾;是他们一直在默默地支持我,他们的支持和理解是我努力向前的不竭动力。

齐艳

2018 年 4 月

图书在版编目（CIP）数据

"掘金时代"的传承与新生：广州近代乡村侨居现状及保护活化利用研究 / 齐艳著 . — 北京：中国建筑工业出版社，2018.7
（文化传播视角下的珠三角乡村近代民居研究丛书）
ISBN 978-7-112-22307-7

Ⅰ. ①掘… Ⅱ. ①齐… Ⅲ. ①乡村—民居—研究—广州—近代 Ⅳ. ①TU241.5

中国版本图书馆 CIP 数据核字（2018）第 123776 号

责任编辑：徐晓飞　张　明
责任校对：芦欣甜

文化传播视角下的珠三角乡村近代民居研究丛书　傅娟　主编
"掘金时代"的传承与新生——广州近代乡村侨居现状及保护活化利用研究
齐艳　著

*

中国建筑工业出版社出版、发行（北京海淀三里河路9号）
各地新华书店、建筑书店经销
北京点击世代文化传媒有限公司制版
北京中科印刷有限公司印刷

*

开本：787×1092毫米　1/16　印张：12½　字数：243千字
2018年8月第一版　2018年8月第一次印刷
定价：40.00元
ISBN 978-7-112-22307-7
（32166）

版权所有　翻印必究
如有印装质量问题，可寄本社退换
（邮政编码 100037）